中国石榴盆景

郝兆祥 李志强 张忠涛 主编

中国林业出版社
China Forestry Publishing House

图书在版编目（CIP）数据

中国石榴盆景 / 郝兆祥, 李志强, 张忠涛主编.
北京：中国林业出版社, 2024. 8. -- ISBN 978-7-5219-2831-0

Ⅰ. S665.4；S688.1

中国国家版本馆CIP数据核字第2024MF3870号

责任编辑：张华
装帧设计：北京八度出版服务机构
───────────────────
出版发行：中国林业出版社
　　　（100009，北京市西城区刘海胡同7号，电话83143566）
电子邮箱：43634711@qq.com
网址：www.cfph.net
印刷：北京博海升彩色印刷有限公司
版次：2024年8月第1版
印次：2024年8月第1版
开本：710mm×1000mm　1/16
印张：16
字数：330千字
定价：98.00元

《中国石榴盆景》
编 委 会

主　　任： 宋俊峰
副 主 任： 陈　倩　仲维光　姜　徐
编　　审： 李志强

主　　编： 郝兆祥　李志强　张忠涛
副 主 编： 李　新　兑宝峰　侯乐峰　颜廷峰　毕润霞
　　　　　　罗　华　李　博
参编人员：（以姓氏拼音为序）
　　　　　　毕润霞　陈　颖　兑宝峰　郝兆祥　侯乐峰
　　　　　　李　博　李体松　李　新　李永德　李志强
　　　　　　刘广亮　罗　华　马　静　滕方永　王艳芹
　　　　　　颜廷峰　尹燕雷　张立华　张忠涛　赵登超
　　　　　　赵丽娜
主要摄影： 郝兆祥　张忠涛　兑宝峰　李　新　侯乐峰
　　　　　　苑兆和　曲健禄　宫庆涛　赵艳莉

序

Foreword

石榴原产中亚地区，西汉时期沿丝绸之路传入中国。在中国经过2000多年传播与演化，其分布范围几乎遍及全国各地。

目前，中国是世界上重要的石榴生产大国，栽植规模和产量均居世界前列，这得益于石榴科学技术的进步和石榴文化的双重推动。改革开放以来，我国石榴主要产区都立足资源禀赋开展了丰富多彩的石榴文化活动，在推介石榴产品和产地、促进石榴生产和消费、推动石榴产业和石榴文化发展上均取得了很好的效果。

山东省枣庄市峄城区是中国石榴主产区之一，著名的"中国石榴之乡""中国石榴盆景之都"，享有"冠世榴园·匡衡故里"的盛誉，经过40多年的产业化历程，已初步形成了一、二、三产业协调发展格局。从种质资源收集保存、评价利用、栽培管理、盆景盆栽、贮藏加工，到生态旅游以及石榴文化产业，产业链每个环节都持续发力，峄城人把石榴树"全身都当宝"，把每一棵石榴树、每一个石榴果、每一朵石榴花、每一片石榴叶、每一条石榴根的潜在价值都利用到极致，尤其是融合一、二、三产业特征的石榴盆景、盆栽产业，独具特色，誉满天下。

目前，峄城石榴盆景、盆栽产业无论在生产规模上，还是在艺术水准上，均取得了令人瞩目的成就，形成了明显的经济优势和地方特色。据初步统计，石榴盆景、盆栽年产量达到20余万盆，在园盆景、盆栽达50余万盆，精品盆景

1万余盆,先后在各级盆景艺术展上斩获大奖500余项,确立了峄城石榴盆景在中国石榴盆景领域的领先地位,是国内外生产规模最大、水平最高的石榴盆景生产地、集散地,形成了买全国、卖全国的石榴盆景产业。河南郑州、商丘,江苏徐州、连云港,甘肃陇南等地,相继利用当地丰富的石榴资源,生产制作石榴盆景、盆栽,有的初具规模,有的形成商品生产,产生了很好的经济、社会效益。

枣庄市石榴研究院正高级工程师郝兆祥及其科研团队,在抓好石榴种质资源收集保存、创新利用等科研推广的同时,致力于石榴盆景、石榴文化领域的研究。在前期编著的《中国石榴文化》《中国石榴传奇》等书籍的基础上,为使学界和民众对石榴盆景有全面系统的认知,将其在石榴盆景领域的研究成果汇编成此书,相信此书的出版,对中国石榴盆景产业的发展将产生积极的推动作用。

全书内容融学术性、知识性于一体,是一部图文并茂的好著作,相信定会为相关科研推广工作者和石榴盆景爱好者提供崭新的视角。

南京林业大学教授、博士生导师
国际园艺学会石榴工作组原主席 苑兆和

2024年6月

前 言
Preface

　　盆景艺术是中华民族优秀传统文化的重要组成部分，它的形成和发展与中华文明密切相关，可与国画、书法、雕塑等传统艺术相媲美。它起源于汉，形成于唐，兴盛于明清，新中国成立后，特别是改革开放以后，达到空前繁荣。

　　枣庄市峄城区的石榴盆景、盆栽产业，在当地党委、政府的正确领导下，在山东省盆景大师、枣庄市非物质文化遗产代表性传承人杨大维和协会领导李德峰等人的带动下，历经40余年，实现了由零星生产到商品化经营，由低端制作到代表国家、国际最高水平的转变。在生产规模与技艺上，形成了明显的经济优势和地方特色，石榴盆景、盆栽年产量达到20余万盆，在园盆景、盆栽达50余万盆，精品盆景1万余盆。在艺术创作和制作水准上，先后获得国际、国内各级花卉、园艺展览会金、银、铜等奖牌500余块。可以说，峄城石榴盆景引领着我国石榴盆景、盆栽的发展方向，成为我国园林艺术的瑰宝和花卉盆景、文化产业发展中非常靓丽的一张名片，峄城也因此被誉为"中国石榴盆景之都"。同时，也涌现出了杨大维、肖元奎、张孝军、王学忠、张忠涛、王鲁晓、李新等在国内盆景界具有一定知名度的代表人物。

　　2023年9月24日，习近平总书记视察枣庄石榴产业后，更是为石榴盆景、盆栽产业发展注入了强劲动力，当地党委、政府、有关单位及广大从业者进一步坚定了多出精品力作的决心和信心。枣庄市石榴研究院在抓好石榴种质资源收集保存、创新利用等科研推广的同时，致力于石榴盆景、石榴文化领域的研究。在前期编著的《中国石榴文化》《中国石榴传奇》等书籍的基础上，为使学界和民众对石榴盆景有全面系统的认知，将其二十多年来在石榴盆景领域的研究成果汇编成此书。

本书共分两个部分，第一部分为石榴盆景佳作赏析，收集了全国各地的名家代表作及其赏析。第二部分为石榴盆景、盆栽的关键技术，共分为12章：石榴盆景概述，石榴盆景工具及材料，石榴盆景的品种选择，石榴盆景树桩的来源，石榴盆景育桩技术，石榴盆景的造型，石榴盆景的制作，石榴盆景的养护管理，石榴盆景主要病虫害及其防治，石榴盆景的题名、陈设与赏析，石榴盆栽，石榴盆景、盆栽售后（布展）的养护管理。全书图文并茂，系统阐述了石榴盆景、盆栽的关键技术措施，以及我国尤其是枣庄市峄城区的盆景、盆栽产业。其中在盆景、盆栽关键的技术环节，如"利用小苗培养'童子功'石榴盆景""嫁接改良品种""一株石榴大树变身几十株桩材""石榴桩材'蓄枝截干'""石榴盆景舍利干制作""石榴盆景粗枝整形""石榴盆景保果技术""石榴盆景防冻与保温"等，收录了枣庄、郑州等地制作盆景的一些实践经验。为了更好地记述中国和枣庄峄城石榴盆景的发展历史，少部分图片引用了2010年前制作的作品。

本书既可作为高等院校果树学等专业盆景教学的参考书和石榴集中产地的乡土教材，也可供石榴科研、生产、经营从业人员及石榴盆景、盆栽爱好者借鉴和参考。我们期待，本书的出版发行，会对国内石榴盆景、盆栽的研究、开发和石榴产业发展起到积极的促进作用。

本书编辑过程中，得到了枣庄市林业局原副局长王家福等领导以及国内众多石榴生产、科研领域同仁和摄影爱好者的大力支持。本书的出版，得到了中共峄城区委、峄城区人民政府、中共峄城区委宣传部、枣庄（峄城）农业高新技术产业示范区的大力支持，在此一并表示最诚挚的感谢！

限于编著者水平和掌握资料有限，本书难免有遗漏、不足甚至错误之处，敬请读者不吝赐教，给予批评指正。

郝兆祥

2024年5月于山东枣庄

目 录
Contents

序

前 言

第一部分　石榴盆景佳作赏析　// 001

第二部分　石榴盆景、盆栽的关键技术　// 038

第一章　石榴盆景概述　// 042
　　第一节　石榴盆景的发展历程和现状　// 042
　　第二节　峄城石榴盆景产业　// 045
　　第三节　石榴盆景的艺术特色　// 053
　　第四节　石榴盆景创作的基本原则　// 058

第二章　石榴盆景工具及材料　// 067
　　第一节　制作、养护工具及用途　// 067
　　第二节　石榴盆景的用盆　// 070
　　第三节　石榴盆景的用土　// 073
　　第四节　石榴盆景的几架和配件　// 075

第三章　石榴盆景的品种选择　// 078
　　第一节　石榴盆景类型的品种选择　// 078
　　第二节　石榴盆景的品种选择　// 083

第四章　石榴盆景树桩的来源　// 102
　　第一节　野外挖掘　// 102
　　第二节　市场购买　// 103

　　　　　第三节　人工繁殖　// 103

第五章　石榴盆景的育桩技术　// 114

　　　　　第一节　打桩技术　// 114

　　　　　第二节　改桩技术　// 116

　　　　　第三节　定植保活　// 123

第六章　石榴盆景的造型　// 131

　　　　　第一节　以干为主类　// 131

　　　　　第二节　以根为主类　// 142

　　　　　第三节　文人树类　// 143

　　　　　第四节　树石类　// 144

　　　　　第五节　微型盆景类　// 145

第七章　石榴盆景的制作　// 146

　　　　　第一节　干的制作　// 146

　　　　　第二节　丛林式的制作　// 151

　　　　　第三节　露根的制作　// 154

　　　　　第四节　树石类的制作　// 156

　　　　　第五节　枝的制作技艺　// 158

　　　　　第六节　树冠蟠扎定型　// 167

　　　　　第七节　配植创作技艺　// 171

第八章　石榴盆景的养护管理　// 175

　　　　　第一节　土肥水管理技术　// 175

　　　　　第二节　石榴盆景的修剪　// 178

第三节　石榴盆景的花果管理　// 184

第四节　石榴盆景的换盆（土）　// 190

第五节　石榴盆景越冬保护　// 192

第九章　石榴盆景主要病虫害及其防治　// 196

第一节　主要病害及其防治　// 196

第二节　主要害虫及其防治　// 202

第三节　病虫害综合防治　// 207

第十章　石榴盆景的题名、陈设与赏析　// 212

第一节　石榴盆景的题名　// 212

第二节　石榴盆景的陈设技巧　// 216

第三节　石榴盆景艺术欣赏　// 218

第十一章　石榴盆栽　// 224

第一节　盆栽石榴类型及品种选择　// 226

第二节　盆栽石榴的容器与选择　// 228

第三节　盆栽石榴树（苗）的采集与培育　// 229

第四节　盆栽石榴的上盆与倒盆　// 229

第五节　盆栽石榴的肥水管理　// 231

第六节　盆栽石榴的整形修剪　// 232

第七节　盆栽石榴的花果管理及病虫害防治　// 236

第八节　盆栽石榴的越冬防寒　// 237

第十二章　石榴盆景、盆栽售后（布展）的养护管理　// 239

第一节　销售（布展）前的准备工作　// 239

第二节　销售（布展）的运输安全　// 240

第三节　销售（布展）后的室内、室外养护技术　// 241

参考文献　// 243

第一部分 石榴盆景佳作赏析

一弯勾月

规格：高90cm
作者：山东枣庄　杨大维

  这是峄城石榴盆景创始人杨大维先生的代表作，创作于20世纪90年代初，1997年在全国第四届花卉博览会上荣获银奖。该作品主体干身已然枯朽，但经"舍利化"处理后，坚硬洁白，与葱郁翠绿的叶片和红润艳丽的果实形成了鲜明对比，具有较强的视觉冲击力。它的主干右上起势，随即向左翻转，其轮廓线条犹如一张弯弓，充满动感和张力，明净的树干又恰似一弯皎月，富含诗情与画意。这件作品用盆考究，造型浑朴，气韵洒脱，代表了其时峄城区盆景艺术的最高水准。

老当益壮

规格：高118cm
作者：山东枣庄　张孝军

  这件作品在峄城盆景发展历程中具有里程碑意义。1999年，世界园艺博览会在昆明举办，该作品在展会上荣膺金奖。"一石激起千层浪"，自此，峄城石榴盆景引发了各级领导的关注与重视，时任山东省委副书记、省长李春亭同志来峄城考察时，特地前往观摩，并为张孝军所建凉亭题名——"金奖亭"；峄城区也以此为契机，倡导鼓励发展石榴盆景产业。

  此作品干身宛转盘旋，老态横生，叶片郁郁葱葱，葳蕤茂盛，果实青红相间，饱满硕大，其形其貌恰如题名：老而弥坚，老树新枝，老当益壮！

天宫榴韵

规格：高118cm
作者：山东枣庄　张忠涛

此作品的树干古拙遒曲，枯荣相继，盘旋而上，呈高耸斜立之态，遗世独立，颇有高处不胜寒之意味，也好像伫立在天宫中的一位老者，步履蹒跚，俯瞰人间。其树干的老态与枝叶的旺盛形成了一种鲜明而有趣的对比，累累果实缀满枝头，更增添了一种热闹、喜庆的氛围。

此作品荣膺2016年第九届中国盆景展览暨首届国际盆景协会（BCI）中国地区盆景展览会金奖。

汉唐风韵

规格：高116cm
作者：山东枣庄　张忠涛

生与死、枯与荣，一直是盆景领域的永恒主题。这件作品中，主干的枯面占据绝大部分空间，似无生机，但被作者施以巧手，做成了细腻丰富的"舍利干"，顿成看点。主干左侧偏后位置一根残存的水线顽强生长，且孕育出了累累果实，生机盎然，与其下的"森森白骨"形成一种强烈对比，艺术效果由是而出。

此作品荣膺2012年第八届中国盆景展览会金奖、2013年世界盆景友好联盟展"中华瑰宝奖"。

峥嵘岁月

规格： 高119cm
作者： 山东枣庄　张忠涛

  石榴树素以奇崛扭曲、生命力顽强著称，这件作品便对此作出了完美诠释。只见其树身向左强势横斜，而顶枝与侧枝又向右回盼，这一斜一盼，催生了动感，力度和韵味便也就由此而生。同时它繁茂的枝叶和悬垂的果实也为这"韵味"增光添彩，强化比重。

  此作品荣膺2008年第七届中国盆景展览会金奖。

游龙戏珠

规格：高118cm
作者：山东枣庄 张忠涛

此作品桩体高挑，枯荣相济，健壮的水线部分蜿蜒盘旋，扶摇而上，有如一条巨龙，腾跃于碧波之上，遨游于无垠云空，极富动感与活力；遒曲枝条上悬挂的果实，更像是环绕在这游龙周围一颗颗硕大清亮的宝珠，伴其左右，与之共舞。

这是作品在视觉和意境上给人带来的冲击和感受，从技法层面看，则很好地体现了当代盆景创作中"高干垂枝"的造型理念：高位出枝，且陡然下垂，既符合大自然中高耸树型的状貌，又与散落在枝条、叶片间的榴果紧密呼应，灵动洒脱，飘逸自然，富有画意，是石榴盆景此类型格中不可多得的佳品。

此作品荣膺第六届中国盆景学术研讨会暨精品盆景（沭阳）邀请展金奖。

历尽沧桑

规格：高118cm
作者：山东枣庄 张忠涛

  此作品在2020年第十届中国盆景展览会中荣获金奖，这是作者在4年一届的国展中第4次获此殊荣，也是石榴盆景创作的最新成果。这个成绩的取得，非常不容易，一方面，展现了作者坚持不懈、执着进取、锐意求新的精神；另一方面，也映现出石榴盆景在业界备受喜爱的趋势。

  此作品将石榴盆景的魅力展露无遗：枯瘦的树干沧桑嶙峋，然而甘于奉献，但见细瘦的形体上，枝繁叶茂，果实累累，簇拥低垂，充满了生机和活力，且又是生长在轻盈的盆钵内，愈发显示出石榴树种顽强的生命力和作者高超的养护技巧。果实的分布，作者力避均匀和规则，在多多益善的基础上，注重疏密有致和空间处理，那颗垂过盆底的石榴，可谓神来之笔——既破常规，又显灵动，为作品增添了光彩。

傲骨临风

规格：高120cm
作者：山东枣庄　张忠涛

此作品为数百年古石榴，历经沧桑，树干嶙峋峥嵘，遭受雪压雷劈，仅存半块树皮，干身奇特腐而不朽，舍利凹凸自然，岁月悠悠，残存水线翻卷而上与舍利相互依存，尽显风骨。顶端锯口位于后侧，过渡自然，富有变化。顶枝曲折多变，与苍老的主干浑然一体。造型时，有意去除下部萌枝，化石般的树干得以展现。绿叶、红花、"白骨"相得益彰，片叶层叠道尽仙姿。

危崖竞秀

规格： 飘长120cm
作者： 山东枣庄　张忠涛

　　临水式或悬崖式在石榴盆景中较为少见，这件作品却将"临水"和"悬崖"合二为一，殊为难得。半枯半荣的枝干横斜于盆外绝大部分空间，造成了既奇且险之态，而颗颗红色的果实又为作品增添了生机与野趣，为石榴盆景作品中难得之佳作。

　　此作品荣膺第六届中国盆景学术研讨会暨精品盆景（沭阳）邀请展金奖。

追月

规格：高80cm
作者：山东枣庄 李新

  此作在盆中培养24年，其根盘圆厚、铺张，树身遒劲，富有动感，犹如壮士伸开手臂，拂云擎天，又像是在昂首抬足，奋力前行；明艳硕大的果实当空悬挂，颇有太阳之意象，故名《追月》。

  注：右前方那个单果重1斤6两（800g）。石榴不仅果色艳丽，可娱情养目，而且味道甘美，能滋养脏腑，所以自古以来就被誉为"九州之奇树，天下之名果"。

鹤舞

规格：高53cm
作者：山东枣庄 李新

此作体量不大，姿态轻盈，如一只仙鹤在旷野独步，抑或在林中翩翩起舞，故名《鹤舞》。

它采用组合"文人树"的造型方式，以少胜多，气韵生动，表现空灵，体现了作者娴熟的造型技艺和敏锐的形式天赋，在众多树身粗壮、枝叶繁茂的石榴盆景作品中脱颖而出，独具特色。

第一部分　石榴盆景佳作赏析 • 013

秋圆　规格：高75cm
作者：山东枣庄　李新

这件作品的桩材于2000年被作者以5元的价格买下，因桩材不大，故未下地，一直在盆中培养。经24年养护，目前枝条过渡已基本到位，苍劲遒曲，骨力尽显，同时细密的小枝附着其上，丰富细腻，既有岭南"截干蓄枝"技法的影响，又有东瀛"密枝作风"的流韵，如此表现风范，在国内石榴盆景作品中尚不多见。

橙色的果实点缀在繁密的枝叶间，与紧凑的骨架、丰满的树冠和谐共生，给人一种圆润、圆浑、圆满的感受，也与中秋时节特有的"丰收""团圆"等意相契，故名《秋圆》。

值得一提的是，作者在配盆上颇费心思，先后为这件作品购买了9个盆子，搭配后均不满意，最后才选定这个色泽古雅的石湾盆，至此，整整10个——在配盆这件事上，也算"功德圆满"。

含珠

规格：高90cm
作者：山东枣庄　李新

　　它根盘宽横稳健，树身苍老古拙，自底而上，伟岸雄壮。遒劲的枝条左右延摆，呈舒展、开张、盛大之象。10余个圆润红艳的果实在婆娑的绿叶间高低错落，参差掩映，宛如一颗颗靓丽的宝珠，又像一个个跃动的音符，在合奏着一首欢快、喜庆的丰收之歌。

榴光

规格：高85cm
作者：山东枣庄　李新

秋风乍起，叶片渐黄，一颗颗泛红的果实浮现出来，镶嵌于枝头，在秋日阳光的照射下，呈现出明亮、耀目的光辉，与承载它们的绿色釉盆和赭石色几架交相映照，可谓流光溢彩，秋色斑斓。在命名上，作者取"流"之谐音，既有流光溢彩之意，又着重强调它在光色上的出色表现——"榴"之光辉和光彩，生动灿然，跃然于眼前。

大地情深

规格：高120cm
作者：山东枣庄　王鲁晓

"秋风渐劲秋叶黄，凄凄秋梦秋更长……"随着瑟瑟秋风的日渐强劲，各种树木的叶片逐渐零落，但见苍茫的大地上，一棵古老又壮硕的石榴在风中昂然挺立，露出了刚硬凛然的姿容。它叶片虽少，但果实累累，压弯了枝条，垂向脚下这片沃土，仿佛在感谢大地母亲的无私奉献与滋养。此情此景，不由让人想起那首深情的歌曲——《绿叶对根的情意》："我是你的一片绿叶，我的根在你的土地，这是绿叶对根的情意……"一片小小的绿叶都有如此情意，那这硕大的果实更是充满了对大地的感恩，它要以自己的饱满和甘甜来回馈母亲，回馈养育它的沃土——这也是红果对大地的情意……

这件作品一本双干，根深基稳，挺拔苍劲，既有厚重雄浑之势，又兼灵秀洒脱之风，且一正一斜，顾盼有致，显示了作者深厚的造型与把控能力。与众多枝繁叶茂的作品不同，这件作品以叶疏枝壮为主要特色，敢于暴露骨架，展示年功，充分彰显了自信，也让人看到了石榴枝干的回旋遒劲之美。

奔腾

规格：高90cm
作者：山东枣庄　王鲁晓

　　此作品借鉴岭南"截干蓄枝"技法，注重骨架结构，在枝条的蓄养和过渡上格外着力，本着先培养枝托、后开花结果的原则，不计时日，倾心付出，终在2019年中国·北京世界园艺博览会上结出硕果：它以清晰的结构、强烈的动感和缀满枝头的果实赢得评委青睐，荣获金奖。这再一次验证了石榴不仅具其他杂木没有的花果之美，而且在耐修剪这一特性上，与其他杂木毫无二致，也给有志于在石榴树种上精耕细作、向"岭南"靠拢的同仁以启迪。

　　此作品树身健壮，造型奇特，充满力感，给人以气象峥嵘和万马奔腾之感，充分表达了作者胸中的豪气与激情。

无限风光在险峰

规格：高100cm
作者：山东枣庄　王鲁晓

此作品主干的绝大部分已经干枯，但经过巧妙雕琢后，反而化腐朽为神奇，变庸常为看点，其坑洼嶙峋的干身仿佛是一座险峻高耸的山峰，干身左侧的水线依附山峰蜿蜒而上，化身为山顶上一道靓丽的风景，其叶片青绿可喜，果实紧致艳红，与白色的山峰相依共生，又对比鲜明，可圈可点，可爱可看，是一件点石成金的佳作。

"暮色苍茫看劲松，乱云飞渡仍从容。天生一个仙人洞，无限风光在险峰。"这是毛泽东主席的名句，它在告诉人们，只有在险峻的山峰上，才能领略到无限美好的景色。作者显然明白其中的深刻内涵，更深深知道，从事任何事业，若想获得成功，观赏与领略无限风光，必须经过一个艰苦奋斗的历程，所以他才运用雕琢、塑造、对比、升华等艺术手法，为观众奉上了一道既富有寓意又秀色可餐的视觉盛宴。

秋艳图

规格：高115cm
作者：山东枣庄　张宪文

此作品采用水旱式与丛林式相结合的造型。前左侧以空白的方式表现水景，这种以虚拟的手法与国画中以"留白"表现蓝天及水景的方法有着异曲同工之妙。右侧丛林中的老石榴树或倾或斜或卧，既自然和谐，又有一定的变化，树上几个硕大的石榴鲜艳夺目。盆面地貌处理得刚柔并济，其碧绿如茵的草地上错落有致地点缀着几块奇石，简洁而不单调。

作品近大远小的构图具有强烈纵深感和视觉冲击力，其虚（留白）实（右侧的丛林）结合，点（石榴果）线（树干）面（水面）相辅相成，流畅自然，堪称石榴盆景中的佳作。

榴园风光

规格：高105cm
作者：山东枣庄 宋茂春

此作品浓缩了"冠世榴园"风光，古树丛林，盘根错节，熟透了的果实似高挂的红灯笼，照亮了果农的心房，好一派丰收喜庆的景象。作品构图紧凑，气势雄浑，使人观后豪气顿生：

燎原星火似重现，忽作银河倾碧天。
诗人奇境知何处，我乡枣庄石榴园。

相依

规格：高115cm
作者：山东枣庄　王学忠

　　一本双干的盆景并不少见，但如此体量的双干石榴盆景作品还不是很多。更为难得的是，这棵双干石榴一高一矮，一左一右，相互依偎，又相互顾盼，宛若琴瑟和谐的夫妻，相伴相随，举案齐眉，展现出一幅和谐、圆满、充满温情的石榴图卷，给人以赏心悦目之感。

洒向人间

规格：高102cm
作者：山东枣庄　张永

　　此作品造型简洁明快，一顶枝昂首向天，有如华盖，为其下的土地遮风挡雨，庇佑周围，另一粗壮的跌枝俯冲向下，似海底捞月，风姿洒荡，动感十足，同时又不失力度，为全树的精华所在。画龙点睛的题名，进一步丰富和深化了作品内涵，展现了石榴饱含深情、甘于奉献的精神与韵致。

老当益壮

规格：高120cm
作者：山东枣庄　朱秀伦

　　一棵巨大粗壮的古石榴屹立在鲁南大地上，历经风霜雨雪，饱受岁月折磨，却依旧端庄稳重，岿然不动，且生机盎然，硕果累累，使人视之怦然心动，同时也被它顽强的生命力所感染：看它的年轮，分明是一位老者，可其呈现出的状态又完全是一名壮汉。题名《老当益壮》，既是对树木的真实写照，也是作者壮怀激烈心声的表达。

秋韵
规格：高90cm
作者：山东枣庄　张新友

  这是一棵培养20余年的微型观赏石榴，也是自籽粒培育出的作品，俗称"童子功"。观赏石榴叶小而果繁，果色鲜红，挂果时间长，且不易脱落，是一种上好的盆景素材，用它来制作微小型盆景，前景广阔。

  此作品形小相大，挺拔轩昂，又似一棵巨大的树木，矗然而立。小巧而红润的果实，像一盏盏点亮的灯笼，散落在枝丫间，颇有张灯结彩之意象。

寒枝待春风

规格：高79cm
作者：浙江湖州　徐昊

这是中国盆景艺术大师徐昊先生的一件"文人树"作品。其命名生动、贴切，饱含诗意。原本平淡无奇的一株小树，经作者妙手剪裁和点染后，变得姿态曼妙、富有韵律：一簇簇细小的枝丫无惧于清冽的寒风，自由伸展，灵动自在，恣意于休憩与舞动之中，孤寂绰约，又隐含期待。因为它知道，漫漫长冬过后，春天即将来临，而它积蓄了一冬的情怀，也会在徐徐春风的吹拂下，以娇艳红芽的方式，尽情吐露、绽放……

此作既含蓄又热烈，可谓收放自如，尽显张力。

些园只影

规格： 高88cm
作者： 江西南昌　李飙

  此作品在中国工·小品盆景国家博览会上获得单项"最佳文人树"小金人奖。

  深褐色的随形衬板上一圆形敞口紫砂盆，盆中一独株石榴树，主干高耸，小曲微折又不失修长；主干下部虽有撕裂长槽侧露，却无刀斧之痕、雕琢之饰，极为鲜明地显示出朴拙、天然之姿；叶已落尽，寒枝尽显，枝条通透，张弛有度；而那一只尚未泛红、有着黄蜡般晶亮皮层的石榴果，孤独地突兀枝头，格外醒目。

  此作品洋溢着浓郁的文人气息，常令观者生悠长、历久弥新之感：平淡里微透清逸高雅，古朴中隐蕴新意盎然，飘逸如行云流水，瘦挺显骨力遒劲，舒展而又委婉含蓄，自然而又形神兼备，简约而又流畅明快，玲珑而又意味深长。

  欣赏之道，贵在触景生情，情景交融，其最高境界是物我同化、物我不分、物我两忘。

福寿图

规格：高85cm
作者：河南郑州 梁凤楼

此作品采用嫁接的方法，将叶子、花朵、果实都较小的'月季石榴'嫁接在虬曲苍劲的大石榴老桩上，以加强树身与叶片、花朵、果实的对比反差，衬托出树木的高大，以小中见大，表现出参天大树的气势。

在我国，石榴是多子多福的象征，而嶙峋的树干则是古树独有的神韵，也象征长寿，故而作品以《福寿图》为题名。其红彤彤的果实如同一个个红灯笼悬挂在绿叶间，气氛喜庆热烈，好一幅《福寿图》。

暮归图

规格：高80cm
作者：河南郑州　梁凤楼

此作品采用丛林式造型，5个树干高低粗细及姿态不尽相同，既和谐统一，又有一定的变化，而枝头上红艳艳的果实则表现出秋天丰收的景色。

林木间，牧童骑牛悠悠而过，不由让人想起南宋·雷震的《村晚》中所描绘的乡野牧归画卷："草满池塘水满陂，山衔落日浸寒漪。牧童归去横牛背，短笛无腔信口吹。"其广阔的原野上秋林如画，绿草如茵；晚风轻拂，牧笛悠扬……如此情景交融，因"牧童"而鲜活、因"短笛"而生动……

古榴霸天

规格：高120cm
作者：河南商丘　平玉振

金秋十月，花果飘香，正是收获的季节。而这棵古老、苍劲的石榴树也迎来了它最美的时刻：繁密、硕大、红亮的果子在葱绿叶片的映衬下，在粗壮枝干的环绕中，更显精神与活力。

整件作品古拙劲健，气韵不凡，颇有雄霸一方、欲与天公试比高的心志与意愿，耐人寻味。

秋韵

规格：高 120cm
作者：河南郑州　马建新

此作品树冠采用垂枝式造型，在传统的认知中，垂枝式盆景多用于表现垂柳婀娜飘逸的风采，其实垂枝式盆景也可以表现累累的果实将枝条坠垂的丰收景象。

就此作品而言，其嶙峋的树干、疏密得当的垂枝与红彤彤的石榴果相得益彰，古雅中透露出几分飘逸感，充满了秋天丰收的喜悦。其老当益壮，青春再次焕发的精神，不由使人想起了北宋·梅尧臣"老树着花无丑枝"的名句。

历尽沧桑

规格：高115cm
作者：河南郑州　王小军

此作品由'牡丹石榴'制作而成，该石榴品种具有花朵大、重瓣，果实硕大、颜色鲜艳等特点，是花果俱佳的优良石榴品种。

此作品采用枯干式造型，右侧枯死的主干洞蚀嶙峋，其表皮呈原木的自然颜色，古朴遒劲，从其下方萌发的另一树干刚健挺拔，葱茏的绿叶间点缀着鲜红的石榴花及刚刚成形的石榴果，使作品充满活力，色彩更加丰富。

两个树干一枯一荣，对比强烈，给人以虽然阅尽岁月沧桑，依然生机盎然的感觉，大自然中顽强的生命力令人赞叹。

太平盛世

规格：高110cm
作者：河南郑州 齐胜利

  此作品桩材怪异，作者因材制宜，将柏树类舍利干的技法巧妙地融入石榴盆景的创作之中，使之成为一件颇具个性之美的作品。其枝遒劲有力，挥洒自如，布局适宜，疏密有致；其干嶙岣峥嵘，筋骨毕露，虬枝枯干，似雄狮，如蛟龙。

  春季，红色的新芽犹如燃烧的火焰，表现大自然生命力之顽强；到了夏天，绿叶间绽放着朵朵红花，尽显生命之灿烂；而秋天，累累的石榴果悬挂在枝头，丰收的景象令人愉悦；到了冬天，叶子脱落，虬曲苍劲的寒树相似铮铮铁骨，极富阳刚之美。

  此作品荣膺2012年第八届中国盆景展览会金奖。

榴林梦意

规格：高83cm
作者：江苏淮安 汤华

初得此桩，枝干杂乱且寥寥数干呈"一"字排列无纵深，好在根干之间比配尚为适宜。构思的重点是表现大自然中小树林的艺术特色。

培育中，先以枝干为主，采用"蓄枝截干"技法对各部位枝组逐级蓄养、造型；对根部萌蘖芽进行取舍，增加干数及丛林深度，使连成一体的树干粗细、大小有别，高低错落，构成乱中有序的石榴林，好似一幅美丽的风景画。

此作品给人最大的感觉就是自然洒脱、无矫揉造作之态。虽体量不大，但表现内容丰富，体现盆景的小中见大、缩龙成寸的艺术魅力，给人一种除去俗念、远离都市、回归自然之感。

古树雄风

规格：高 115cm
作者：江苏徐州　张新安

　　古老硕大的树身分为两干，一正一斜，气宇轩昂，雄强劲健，势若不甘束缚的蛟龙，欲飞冲天，又如劲风中屹立的勇士，坚毅挺拔，顽强不屈。其表现手法粗犷豪放，整体以势取胜，不拘小节，让人印象深刻。

秋实

规格：高90cm
作者：江苏徐州　袁泉

时节临近晚秋，叶片已然转黄，红彤彤的果实在微风的吹拂下，围绕在宛转有致的树干周围，盘旋、舞动、摇曳多姿。而白色的"舍利"元素，又给这棵不算粗壮的树干增加了些许古老气息，在茵茵绿草的映衬下，赏心悦目，润泽心田。

古榴遗韵

规格：高98cm
作者：贵州安顺　唐超

　　此作品主干向左偃卧，久经风霜而蚀裂中空、干皮斑驳、筋骨毕露却老而弥坚，雄心犹在；全树枝叶叠翠，浓绿成荫，更有红花几瓣平添无限生意；盆面绿苔如茵，山壑起伏，丰润而肥沃；一根悬露，力拽千钧而显桩基稳如磐石，顽石几点更衬万顷原野无尽空灵。配以古色古香的几座、浅灰色的紫砂盆，整个作品古韵横生，典雅而高贵。

　　历经岁月的淘洗，浮华尽弃，能沉淀下来的便是真与美，作品题名《古榴遗韵》，让观者在欣赏之际，或许还能感受到寄情盆外的生存真谛！

　　此作品荣膺第五届中国盆景展览会金奖。

第一部分　石榴盆景佳作赏析 • 037

圆梦　规格：高90cm
　　　　作者：甘肃陇南　王林

此作品稳健苍劲的树身与曲折有致的树枝相映成趣，绿叶间点缀着鲜红的石榴果，其色彩搭配自然和谐，给人以丰收的喜悦，更圆了人们对美好生活的渴望之梦。

第二部分 石榴盆景、盆栽的关键技术

石榴的花可入味、幼叶可制茶、果可食用，其花、果、叶、枝、干、根均可供观赏，不仅具有多方面观赏特征，而且寓意多子多福、团圆美满、事业红火、辟邪纳福等，因而是中国最受欢迎的园林、庭院文化植物之一。上林苑、辋川别业、琼林苑、金谷园、华清宫、圆明园、何园、个园等古代著名园林，都有石榴景观的记载或遗存。

榴园盛景（夏幼兰摄影）

天伦（李树民摄影）

丰收的季节（邵泽选摄影）

苍榴傲雪（孙启路摄影）

石榴树干遒劲古朴，盘根错节，枝虬叶细，花艳果美，是制作盆景的上好材料。把石榴树布置于咫尺盆中，"缩地千里""缩龙成寸"，展现大自然的无限风光，并随着时间和季节的变化，呈现出不同的姿态、色彩和意境。

石榴盆景主要有直干、双干、曲干、斜干等形式，而枝叶多呈自然造型。微型或小型石榴盆景常常选择矮生品种如'宫灯石榴''红皮看石榴''月季石榴''墨石榴'等。大、中型盆景多用一些石榴老桩或枯桩进行修剪蟠扎，养桩几年后才可上盆观赏。经过艺术造型和整修后的石榴盆景，春叶、夏花、秋果、冬枝，季相景观丰富，观赏价值极高，是美化庭院、宾馆、公园、广场、会议室、展室等家庭及公共场所的上佳艺术品。

古树榴花开满枝
（李金强摄影）

枣庄市万景园盆景基地（张孝军摄影）

在长期培育和发展中，石榴已成为扬派、海派、岭南派、中州派等传统盆景流派的主要树种，山东省枣庄市盆景产业创新发展的最主要树种。中国花卉协会发布的《2017年全国花卉产销形势分析报告》指出："调查数据显示，目前制作盆景的植物有60多种，排名前10的植物种类有松类、柏树类、罗汉松、榆树、石榴……"，说明石榴已经成为中国盆景的主要树种，在花果类盆景中排在第一位。

第二部分　石榴盆景、盆栽的关键技术 • 041

枣庄市峄城区石榴盆景园

枣庄市峄城区石榴盆栽基地

第一章
石榴盆景概述

第一节　石榴盆景的发展历程和现状

石榴盆景艺术是中华民族优秀传统文化的重要组成部分，它的形成和发展无不与中华文明血肉相连，可与国画、书法、雕塑等传统艺术相媲美。它起源于汉，形成于唐，兴盛于明清，新中国成立后，特别是党的十一届三中全会后，达到空前繁荣。

一、石榴盆景的发展历程

石榴是历史上著名的盆景、插花树种之一。石榴盆景在分类上属于果树盆景，其历史起源的确切时间尚无定论。但据其自身特点推论，当与盆景起源于同一时期，应当是由一般盆栽植物中易于结果的种类逐步发展而来，进而演化成为盆景中的一个大类。胡良民等《盆景制作》载"西汉就出现盆栽石榴"，彭春生等的《盆景学》因此把它作为中国盆景起源的"西汉起源说"。西汉以后，石榴盆景制作技艺逐步成熟。其原因是石榴寿命长、萌芽力强、耐蟠扎、树干苍劲古朴、根多盘曲、枝虬叶细、花果艳美（图1-1）。唐宋时期，石榴盆景发展到较高水平。李树华在《中国盆景文化史》中记述："章怀太子墓壁画中侍男所端树石石榴盆景"（图1-2）。宋

图1-1　老树新花（魏晓培摄影）

图1-2　章怀太子墓侍男手端树石石榴盆景

代盆景植物分类，出现了"十八学士"的记载和绘画，其中就有石榴，可见当时石榴盆景发展之盛。明清时期，石榴盆景甚至比唐宋还要兴盛、意境水平还要高。在明朝人的插花"主客"理论中，榴花总是列为花主之一，称为花盟主；辅以栀子、蜀葵、孩儿菊、石竹、紫薇等，这些花则被称为花客卿或花使令，更有喻为妾、婢的。可见古人对石榴的推崇（图1-3）。清康熙帝对石榴盆景情有独钟，他在《咏御制盆景榴花》

图1-3　榴花香（曹华军摄影）

中吟道："小树枝头一点红，嫣然六月杂荷风。攒青叶里珊瑚朵，疑是移根金碧中。"清嘉庆年间，苏灵著有《盆玩偶录》二卷，把盆景植物分为"四大家""七贤""十八学士"和"花草四雅"，其中石榴树被列为"十八学士"之一。

时至今日，宋庆龄故居、上海植物园还珍藏着200年以上的石榴盆景实物。宋庆龄故居有上百年的西府海棠、两百年的老石榴桩景和五百年的凤凰国槐等古树名木。老石榴桩景更为宋庆龄所钟爱。它原是皇宫之物，植于乾隆年间，至今已有200多岁，被人们誉为"国宝盆景"。上海植物园盆景园汇集了以海派盆景为代表的盆景精品2000盆，为海派盆景的发源地，也是国内最大的国家级盆景园之一。园内有一盆名为《枯木逢春》的石榴盆景，据记载是乾隆年间种植的，至今已有200多年。该盆景树心已空，但仍枝繁叶茂，花果累累。

二、石榴盆景的发展现状

随着经济和社会的发展，有着"冠世榴园、匡衡故里"之称的山东省枣庄市峄城区石榴盆景、盆栽产业得到了长足的发展，无论是在生产规模上，还是在艺术水准上，均取得了令人瞩目的成就，形成了明显的经济优势和地方特色。据调查，峄城石榴盆景、盆栽年产量达到20万余盆，在园盆景、盆栽达50万余盆，精品盆景1万余盆（图1-4），先后在国内外各级盆景艺术展上获得大奖500余块，确立了峄城在中国石榴盆景领域的领先地位，是国内外生产规模最大、水平最高的石榴盆景产地、集散地，形成了买全国、卖全国的石榴盆景产业，被业界誉为"中国石榴盆景之都"（图1-5）。

图1-4 峄城区石榴盆景园（孙启路摄影）

图1-5 2001年5月，时任山东省省长李春亭题写的"金奖亭"（张孝军摄影）

河南郑州、商丘，江苏徐州、连云港，甘肃陇南，陕西临潼，安徽淮北、蚌埠等地，相继利用当地丰富的石榴资源，生产制作石榴盆景、盆栽，有的初具规模，有的形成商品生产，产生了很好的经济、社会效益。截至2023年年底，全国年产各种规格石榴盆景20多万盆，年产值约6亿元。

第二节　峄城石榴盆景产业

一、产业基础

2000多年前，汉元帝时期丞相匡衡将石榴从皇家上林苑引种到其家乡丞县（今山东省枣庄市峄城区）栽培，至明代逐渐成园，明万历年间编纂的《峄县志》记载："枣、梨、石榴、李、杏、柿、苹果、桃、葡萄……以上诸果土皆宜，枣、梨、石榴、杏尤甲它产，行贩江湖数千里，山居之民皆仰食焉。"这说明，明万历年间峄城石榴已形成规模，是山区百姓重要的生活来源。经过当地百姓的长期培育，峄城石榴集中连片面积之大、石榴树之古老、石榴古树之多、石榴资源之丰富，为国内外罕见，被上海大世界基尼斯总部认定为大世界基尼斯之最，称"冠世榴园"，使峄城成了著名的"中国石榴之乡""中国重要农业文化遗产""古石榴国家森林公园"（图1-6至图1-8）。

图1-6　冠世榴园.画意五月（袁晓荣摄影）

图1-7 "中国石榴之乡"称号　　　　图1-8 "中国名特优经济林石榴之乡"称号

目前，石榴种植规模已达0.67万hm²，年均总产5万t。品种、类型60余个，'大青皮甜''秋艳''大红皮甜''青皮马牙甜''岗榴'为当家品种，约占栽培总量的95%。

国家发展和改革委员会、国家林业局2010年批准建设中国石榴种质资源圃，2016年被国家林业局批准为"枣庄市石榴国家林木种质资源库"，已收集、保存国内外石榴品种、种质473份，其中观赏品种类型50个（图1-9）。全区每年出圃各种规格石榴苗木约300万株，为石榴盆景、盆栽产业发展提供了充足的树桩和苗木资源。

图1-9 枣庄市石榴国家林木种质资源库全貌

二、栽培及产业历史

峄城石榴盆景起源何时尚无考证,应从石榴盆栽演变发展而来。明代兰陵笑笑生(即峄城籍贾三近)著《金瓶梅》中就有多处关于石榴盆景、盆栽的记叙。嘉庆年间,石榴盆景作为艺术品出现在县衙官府及绅士、富豪之家。峄城南郊曾出土刻有石榴盆景图案的清代墓石。民国时期,峄城和鲁南苏北集镇的商家、富户、文人雅士流行用石榴盆景装点门面,彰显富贵。新中国成立后,特别是改革开放以后,峄城石榴栽培规模日趋扩大,为石榴盆景发展提供了丰富的物质基础(图1-10)。自20世纪80年代开始,峄城部分盆景爱好者,以石榴大树为材料,开始制作石榴盆景。至20世纪90年代中后期,峄城石榴盆景初具规模,大、中、小、微型石榴盆景达4万余盆,逐步形成商品生产,成为我国现代石榴盆景产业之开端。至目前,峄城石榴盆景、盆栽产业呈现蓬勃发展的态势。

图1-10 万福园(邵泽选摄影)

三、产业规模

目前,峄城区有着"中国石榴盆景之都"盛誉,不仅在国内,而且是世界上规模最大、影响最大、产业水平最高的石榴盆景、盆栽、盆景半成品、树桩苗木的产地、集散地,同时,也带动了青檀、木瓜等特色盆景、盆栽的生产(图1-11至图1-13)。

1. 生产规模

峄城年产石榴盆景、盆栽约20万盆,在园盆景、盆栽总量超过50万盆,其中精品盆景1万余盆。从事石榴盆景产业人员达4000余人,盆景、盆栽大户400余户,有的盆景大户现存盆景、盆栽逾万盆。峄城现有较大规模石榴盆景园7处:一是峄城区石榴盆景园,位于"206"国道东、石榴综合交易中心北,占地约30亩*,19户入园经营,融石榴盆景生产、展览、销售及旅游景点为一体,是国内第一个专题石榴盆景

图1-11　万景园(张孝军摄影)

图1-12　石榴盆景园

图1-13　盛丰园外景

----
* 1亩 ≈ 667m^2。

园。二是峄城区生态园,位于石榴综合交易中心西,其中石榴盆景、盆栽经营户16户,面积约30亩。三是峄城南外环路两侧盆景园,其中,位于枣庄市农业高新技术示范园区东侧的石榴盆景园,占地110亩,21户入园经营,主要是由原大沙河沿岸的经营户搬迁而来;位于榴园镇壕沟村北侧的盆景园,占地100余亩,经营户12户。四是榴花路和榴园路两侧,是近几年新兴的石榴盆景、盆栽生产基地,目前有100余户入住,由于地处冠世榴园旅游区的黄金地段,发展潜力大、前景好;2018年,榴园镇人民政府在和顺庄村新建了榴园盆景小镇。五是枣庄市农业科学院西侧盆景、盆栽经营户,占地约120余亩,目前有15户入园经营。六是榴园政府东西路两侧,目前15户经营。七是"206"国道两侧,目前有20户经营。

2.市场销售

石榴盆景、盆栽产业是峄城最早形成"买全国、卖全国"格局的石榴产业。买(石榴树桩资源),主要来自陕西、安徽、江苏、河南、山西、云南、四川、西藏等外省(自治区),以及山东当地资源,其中来自陕西的树桩资源约占50%,山东约占20%,安徽、河南、其他省份各约占10%(图1-14)。卖(石榴盆景、盆栽),主要是三大市场,一是以北京、天津为代表的北方市场,辐射至济南、沧州、大连等城市;二是以杭州、常州为代表的南方市场,辐射至上海、宁波、福州、温州、湖州、泉州等城市;三是以烟台、青岛、威海为代表的沿海市场。三大市场约占销售总量的80%。近年来,在西宁、兰州、西安、郑州、丽江等中西部城市销售份额也呈现稳定增长态势。

图1-14 石榴资源

四、产业水平

1. 艺术水准

石榴是海派、苏派等盆景制作的主要树种之一。相比这些传统盆景流派，峄城石榴盆景异军突起，起步虽晚，但产业规模大，艺术水平高。历经40多年的发展，已经成为国内外石榴盆景艺术最高水平的代表。在国际、国内各级花卉、园艺展览会上获得金、银等大奖500余项。在艺术水准上，峄城石榴盆景引领着中国石榴盆景的发展方向，成为我国园林艺术的瑰宝和花卉盆景、文化产业发展中非常靓丽的一张名片。

在1990年第十一届亚运会艺术节上，《苍龙探海》（杨大维）获二等奖。全国政治协商会议副主席程思远挥笔题词"峄城石榴盆景，春华秋实，风韵独特，宜大力发展"。这是峄城石榴盆景首次参加重要展览并获奖。1997年在第四届中国花卉博览会上，《枯木逢春》（杨大维）获金奖，这是峄城石榴盆景首获国家金奖（图1-15）。自此后，在中国花卉博览会、中国盆景展览会等专业展会上，峄城石榴盆景屡获金、银等大奖。在1999年昆明世界园艺博览会上，峄城区选送的石榴盆景《老当益壮》（张孝军）获金奖，是昆明世界园艺博览会唯一获金奖的石榴盆景，也是山东代表团唯一获金奖的盆景作品。2008年萧元奎培育的《神州一号》《东岳鼎翠》等29盆石榴树桩盆景，被北京奥运组委会选中，安排在奥运会主新闻中心陈列摆放、展示。同年，《峥嵘岁月》（张忠涛）获第七届中国盆景展览会金奖。2009年在第七届中国花卉博览会上，石榴盆景《凤还巢》（萧元奎）（图1-16）《擎天》（张永）均获金奖。2012年在第八届中国盆景展览会上，《汉唐风韵》（张忠涛）获金奖。部分精品峄城石榴盆景还走进了全国农业展览馆、北京颐和园、上海世界园艺博览会等。这些都标志着峄城石榴盆景艺术、管理水平达到了国际领先水平。2016年在第九届中国盆景展览会上，《天宫榴韵》（张忠涛）获金奖。2019年中国·北京世界园艺博览会盆景国际竞赛中，峄城区选送的石榴盆景《历经沧桑》（张忠涛）、《奔腾》（王鲁晓）荣获金奖。这

图1-15 《枯木逢春》（杨大维作品）

图1-16 《凤还巢》（肖元奎作品）

是峄城区石榴盆景继1999昆明世界园艺博览会首获世界金奖之后,再次获得世界金奖的殊荣。2020年第十届中国盆景展,张忠涛的《历尽沧桑》获得金奖。这是他的作品分别在2008年、2012年、2016年的中国盆景展览会上获得金奖之后,又连续获得最高殊荣。在四年一届、参展盆景上千盆、金奖总数控制在40个左右的全国最专业的盆景展览会上,即便获得一项优秀奖也十分难得,他竟能实现"四连冠"壮举,这在中国盆景发展史上也十分罕见,因此成就了中国盆景界的一段佳话。这不仅是对他盆景艺术造诣的最高评价,也是对峄城石榴盆景地位、水平的一种肯定。

2.艺术特色

峄城石榴盆景造型奇特,风格迥异,其花、果、叶、干、根俱美,欣赏价值极高(图1-17、图1-18)。初春,榴叶嫩紫,婀娜多姿;入夏,繁花似锦,鲜红似火;仲秋,硕果满枝,光彩诱人;隆冬,铁干虬枝,苍劲古朴。其造型结合石榴的生态特性和开花结果的特点,既注意传承,又不断实践总结和创新,自然流畅,苍劲古朴,枝叶分布不拘一格。其艺术风格主要有因材取势、老干虬枝、粗犷豪放、古朴清秀、花繁果丰,具有浓郁的鲁南地方特色。造型方法有蟠扎、修剪、提根、抹芽、除萌、摘心等,主要是采取蟠扎和修剪相结合,多用金属丝蟠扎后作弯,经过抹芽、摘心和精心修剪逐步成型。

峄城石榴盆景造型艺术的原则是顺其自然又高于自然,尽显树桩的美丽风姿,大

图1-17 《十里榴火》(张忠涛作品)

图1-18 《张灯结彩》(张忠涛作品)

体上分为单干式、双干式、多干式（丛林式）、曲干式、悬崖式、舍利干式、枯干式、山林式等类型。石榴盆景的分类，和其他树木盆景一样，没有固定的形式，因为树木都是有生命力的。在其生长过程中，随着季节更替，而产生不同的形态变化，因而创作手法也应千变万化。有的以露根、虬干取胜，有的以花果取景——所以可以从树木主干的形态来分，也可从树木生长形态上来分，还可以树木根部状态来分，甚至也可从树木盆景的规格大小来分。总之，石榴盆景艺术创作是艺术家把富有诗情画意的山水与园林艺术紧密结合起来，通过作者的巧妙构思和艺术手法，创制成一盆盆"虽由人作，宛自天开"的佳作，使自然美与艺术美达到高度的统一。它可以使人们在欣赏作品的同时，不仅欣赏了景色的美，而且能通过这种美来激发爱自然、爱家乡、爱祖国的情感，因景而产生联想，从而领略到景外的意境。从这个意义上讲，石榴盆景艺术是活的艺术。

五、科技支撑

在历届党委、政府的正确领导下，在山东省盆景艺术大师、枣庄市非物质文化遗产"石榴盆景栽培技艺"代表性传承人杨大维和李德峰、李德义（俗称"峄城三老"）等人的带动下，历经40余年，石榴盆景产业实现了由零星生产到商品化经营，由低端制作到代表国家、国际最高水平的转变。同时也涌现出在国内盆景界有一定知名度，以杨大维、肖元奎、张孝军、王学忠、张忠涛、王鲁晓、李新等为代表的一大批盆景艺术工作者。2008年，峄城"石榴盆景栽培技艺"被列入枣庄市非物质文化遗产保护名录，杨大维被枣庄市人民政府确定为代表性传承人。2013年，被列入山东省非物质文化遗产保护名录，肖元奎被山东省人民政府确定为代表性传承人。2023年，张忠涛被枣庄市人民政府确定为代表性传承人。2023年，万景园石榴盆景非遗工坊被列入山东省第二批省级非遗工坊名单。孙利君等13名石榴盆景艺术工作者获"山东省盆景艺术师"称号，钟文善等8名石榴盆景艺术工作者获得"枣庄市十佳花艺大师"称号。林业、园林等部门因势利导，通过花卉盆景协会，组织参加各级展览，加强对外展览、展示、合作、交流、宣传，出台扶持措施推进石榴盆景商品化进程，促进了石榴盆景艺人技艺水平的共同提高（图1-19）。果树科技和石榴盆景工作者编写出版了《石榴盆景制作技艺》（王家福等主编）、《石榴盆景造型艺术》（陈纪周主编）、《追梦——张忠涛盆景艺术》（张忠涛编著）等专著，发表相关论文100余篇。老干扦插、嫁接改良品种、舍利干制作、花果精细管理等关键技术在生产中得到广泛推广、应用。

2023年1月，李新的《追日》被《中国盆景赏石》杂志作为2023年第1期封面刊出，同期还以"李新专辑"为题，以78页的篇幅刊发了他的12件石榴盆景作品和7篇理论文章，并在微信公众号上发送推文："封面大赏|色彩的激荡——李新石榴盆景专辑重磅登场"，在业界引起较大反响；这也是枣庄石榴盆景首次登上国家级专业刊物封面（图1-20）。2023年9月，王鲁晓担任国际盆景赏石协会中国区委员会副主席职

务。2023年9月,张忠涛荣获BCI国际盆景大师称号。张忠涛、王鲁晓等还积极对外传播石榴盆景的制作,收徒传艺。

图1-19 清华大学博士生导师、中国风景园林学会花卉盆景赏石分会秘书长李树华教授考察峄城石榴盆景

图1-20 《中国盆景赏石》李新专辑封面

第三节 石榴盆景的艺术特色

石榴盆景造型主要有桩景和树石两类,以树桩为主。近年来,又推出了石榴微型盆景。石榴树桩盆景又因干、根造型不同而又有多种变化,除具有一般树桩盆景所具有的艺术风格,如缩龙成寸、小中见大、刚柔相济、师法自然之外,还具有其独到的艺术特色及极高的观赏价值。

一、石榴盆景具有极高的综合观赏价值

石榴盆景芽红叶细,花艳果美,干奇根异,各个部位都具观赏价值,一年四季都可赏玩。仲春,新叶红嫩,婀娜多姿;入夏,繁花似锦,红花似火、白花如雪、黄花如缎;深秋,硕果高挂,红如灯笼,白似珍珠,光彩照人;至冬,铁干虬枝,遒劲古朴,显示出铮铮傲骨和蓄而待发的朦胧之美(图1-21、图1-22)。其中微型观赏石榴株矮枝细,叶、花、果均较小,制成盆景,小巧玲珑,非常适合表现盆景"小中见大"的艺术特色;果石榴则树体较大,以其制成盆景,最能表达山东人的豪爽气质和"冠世榴园"的恢宏气势。

图1-21 《花好月圆》(张永作品)

图1-22 《双雄》(孙国龙作品)

二、石榴盆景具有鲜明、粗犷、自然、多样的造型风格

石榴盆景既是树桩盆景,又是花果盆景。在制作手法上,除研究造型以外,还注重于培养花、果。而花、果的培养需具有一定生长势的枝条和一定的叶面积。而石榴花、果都生长在当年生枝条上,这就决定了石榴盆景不能像一般盆景那样对枝叶进行精扎细剪。石榴盆景的自身特点决定了在造型和修剪上粗犷、自然和多样的风格(图1-23)。在形体上,有大型、中型、小型,还可微型;在树冠枝叶修剪上,注重花、果可以分出层面,但一般不剪成薄薄的"云片",以蟠扎为主,修剪为辅,以使盆景正常开花、结果,达到桩、枝、叶、花、果皆美的艺术效果;如不注重花、果,也可像其他盆景那样剪成"云片",以枝、叶、干欣赏为主,同样具有很高的欣赏价值。

图1-23 《繁茂》(张新友作品)

三、石榴盆景花、果的特点

石榴花、果期长达5个多月,其欣赏价值是其他盆景不可比拟的。花色有红、粉、黄、白、玛瑙五色,且有单、复瓣之分。花朵有小有大,花期一般2个月以上,月季石榴从初夏到深秋开花不断。石榴以其绚丽多彩的花朵闻名于世,特别是春光逝去、花事阑珊的时节,嫣红似火的榴花跃上枝头,确有"万绿丛中红一点,动人春色不须多"的诗情画意。石榴果则有青、白、红、粉、紫、黄等色,花、果形成鲜明的对比,展现出和谐的生命活力,淋漓尽致地表现出大自然的美(图1-24至图1-26)。尤其花石榴品种,花果并垂,红葩挂珠,果实到翌年2~3月仍不脱落,观赏期更长。总之,花、果是石榴盆景的重要组成部分,以型载花、果,以花、果成型、型、花、果兼备,妙趣横生,极富生活情趣和自然气息。

图1-24 《正气歌》(马建新作品)

图1-25 《争春》(张忠涛作品)

图1-26 《世纪之光》(张孝军作品)

四、石榴盆景干的特点

石榴盆景造型的重点集中在桩景主干上,几十年生以上的果石榴树干,均扭曲旋转,苍劲古朴,用其制作盆景,本身就十分奇特,具有很高的观赏价值和特殊的艺术效果。在桩景制作上,不论什么款式,主要运用枯朽、舍利干、象形干(人物、动物)、孔洞或疙瘩等元素,着力表现石榴桩景的古老、奇特。如枯朽的运用,将大部分木质部去除,仅剩少量的韧皮部,看上去几近腐朽,但仍支撑着一片绿枝嫩叶、红花硕果;干身疙瘩,主要是运用环割、击打等方法刺激皮层形成分生组织和愈伤组织,包裹腐朽的木质部;舍利干,主要是将大部分韧皮部剥掉,在木质部上顺干磨成一些沟状裂纹,或凿成透光的孔洞。这些都无不表现出顽强之生命、铮铮之铁骨、刚劲之力量的意境神韵(图1-27、图1-28)。

图1-27 《枯木逢春》(王小军作品)

图1-28 《岁老冠娇》(张忠涛作品)

五、石榴盆景根的特点

按照树根是否暴露，石榴盆景分为露根式和隐根式两类。石榴盆景桩干比较粗壮、雄伟、苍劲、古朴的，一般不露根，将根埋于土内，着力表现桩景；而桩干比较细小，树龄较年幼、干较矮的，多数都露根，或提或盘，经过加工造型，以使其显得苍老奇特，古朴野趣，以此来衬托桩干，弥补桩干的单薄（图1-29）。露根式盆景根的造型，主要是与桩干结合起来，或与象形动物的桩干结合，作为爪、腿、尾等，栩栩如生；或与非象形桩干结合，梳理成盘根错节之态；或应用于丛林式盆景中作连接状，形如龙爪，别具一格。

图1-29　石榴盆景（齐胜利作品）

第四节　石榴盆景创作的基本原则

我国树桩盆景艺术流派众多、风格多样、造型布局纷繁，但都遵循一些共同的规律和基本原则。石榴盆景，既是树桩盆景，又是花果盆景。因此，在创作中既要遵循一般树桩盆景的创作原则，又要遵循一般花果盆景的创作原则，更重要的是必须遵循石榴生长结果习性进行创新立派。

一、外观美的原则

盆景的人工美，就是强调人的劳动加工再造，达到自然美与艺术美的统一。这就要求在创作时注重主次分明、繁中求简、疏密得当、曲直和谐（图1-30、图1-31）。

在树桩盆景造型中经常用到主次分明的构图原则。在双干式树桩盆景造型时，用较小的一棵来衬托主景的高大；在丛林式或一盆多干式盆景造型中，也是用较小的一棵（或一枝干）来衬托较大一棵（或一枝干）的高大雄伟。

盆景表现大自然的美丽，不需要也不可能将所有的景物都表现出来，而是选取其中最典型的作为表现对象，抓住特点，着力刻画，这就是繁中求简。在树桩盆景定型修剪时，有的把枝干的大部分都剪除，仅留较短的一段和3～5根枝条，这就是"繁中

图1-30 《勤劳》（张忠涛作品）

图1-31 石榴盆景（马建新作品）

求简"。这里所说的简，并不是目的，而是手段；不是简单化，而是以少胜多，以简胜繁。

在树桩盆景造型时，枝干的去留、枝片之间的距离，也应有疏有密，不能等距离布局，否则会显得呆板。在丛林式盆景造型布局时，树木之间的距离应有疏有密。主景组第一高度的树木周围要适当密一些，客景组树木要适当疏一些。

在树桩盆景造型中，曲与直的和谐统一是人工美的重要组成部分。曲线表示柔性美，直线表示刚性美，曲直和谐，刚柔相济乃属上乘之作。如果曲中再曲，必然显得软弱无力；如果直中有曲，刚中有柔，以直来衬托曲，曲就显得更加优美。

要达到上述要求，关键是处理好"取与舍"的关系。在树桩盆景创作中，自始至终，作者都要面对"取"与"舍"的问题。所谓取舍，就是舍去一般，留取精华；舍去平淡，突出主题；舍去粗俗，保留高雅。没有取，就不能树立作品的主体形象，没有主体形象，就不能表现作品的主题和意境。没有舍，就好似眉毛胡子一把抓，都想表现，结果是都不突出，主题、意境的力度被严重削弱，变得模糊不清。因此，在盆景创作构图之前，就要理顺取与舍的关系。凡为主题与意境起烘托作用的就取，凡与主题不一致、分裂主题、与主题唱对台戏的、有碍主题意境表达的或喧宾夺主的就要坚决舍弃。

二、静中有动原则

树桩盆景是活的，是有生命力的。这个生命力，不仅是盆景树桩有机体本身的生命，而且还包括其鲜活的艺术生命力。这就要求树桩盆景虽静有动，形神兼备，无声胜有声。盆景造型布局虽千姿百态,但都需姿态自然,应在情理之中,又在意料之外。所谓情理之中,是指树桩的各种造型必须符合自然生长规律,而不能"闭门造车",凭空捏造。所谓意料之中,是指树桩造型比天然生长的树木姿态更奇特美观而自然入画(图1-32)。

　　树桩盆景如果仅有静态而无动势,就显得呆板而无生机。好的盆景作品应静中有动、稳中有险、抑扬顿挫、仪态万千。树干笔直,树冠呈等腰三角形,按人们的欣赏习惯,认为这种造型呆板。树干适当弯曲,树冠呈不等边三角形,这样的布局才符合植物生长规律,又合乎动势要求。自然界中的树木因生长条件不同,许多树冠自然呈不等边三角形,如生长在悬崖上的树木,靠近山石一面的枝条短小,而伸向山崖一边的枝条既长又多,像黄山的迎客松、泰山的望人松等。在高山风口处生长的树木,枝干多弯曲,体态矮小,自然结顶;迎风面的枝条短,背风面枝条长。这就是自然生长的树木静态中的动势。

图1-32 《大汉雄风》(赵启才作品)

1. 主干定势

主干的延伸及其方向、角度决定了其树势。比如，直干伟岸，有顶天立地之势；斜干灵气，有横空出世之势；曲干流动，有逶迤升腾之势；卧干怡然，有藏龙卧虎之势；悬崖跌宕，有飞渡探险之势；丛林竞起，有郁郁葱葱之势。

2. 枝向助势

枝、干反向伸延，制造对抗矛盾显力以助势，如跌枝；枝托强调夸张制造不平衡以助势，如大飘枝；枝托群体相向，制造统一以助势，如风吹枝。

3. 根基稳势

根基为势之基础，干势应与根基相匹配。一般而言，直干板根，正襟端生，气宇轩昂；斜干拖根，干、根反向伸延，看似各奔东西，实乃相抗得势。卧干以干代根，道是无根胜有根，气度不凡；假山丛林以"山"为根，三角构架，峰峦起伏，具有托住层林竞秀之势；悬崖爪根，咬住山岩，方可盘旋而下，感觉有惊无险之气势。

4. 外廓显势

外廓为枝杈、叶片边缘凹凸起伏似断却连的周边轮廓。枝片开合，气脉相通，体现树相整体趋势。不能机械套用等腰三角或不等腰三角图，应把握枝干类型特征、树势倾向，有所夸张强调，有所张扬抑制，使之外廓边缘凹凸起伏，片断意连，取得既显空灵又显树势的艺术效果。

三、欲现先隐（欲露先藏）原则

现与隐或露与藏，是树桩盆景创作中常用的艺术手法，是指创作的艺术形象呈若隐若现、欲即欲离状。现与隐既对立又统一，隐以现为存在前提和依托，现则需要隐升华内涵，增添生气和韵致。在艺术领域，隐与模糊、朦胧、含蓄是同义词，隐是创造掩映作态、耐人寻味艺术形象的一种技巧，目的是通过隐与现的巧妙运用，使作品形象避免"直现"，做到"曲现"（即巧现），把艺术形象的"言外之意"（意味）表现出来。树桩盆景讲究"诗情画意"，在创作中做到"巧现于隐、巧隐于现"，使作品意象空灵、形象含蓄，给欣赏者留下想象和再创造空间，以便把观众引入由"少"见"多"，由"点"及"面"的欣赏佳境。树桩盆景部分形体"隐藏"是靠"显现"着的部分来映衬的，因此，在制作形体"隐藏"时，必须事先选定形体某些"闪光点"加以显现，以扩大"隐""现"之间的反差，增强其刺激想象作用（图1-33、图1-34）。

图1-33 《相随》(边长奇作品)

图1-34 《远古》(张忠涛作品)

四、形果兼备原则

花果树桩盆景等于造型加花果,就是说,它既要具有根、桩、形、神等造型艺术,又必须兼有足够数量的花果,二者缺一不可。在花果树桩盆景中,花果是形的重要组成部分,花果的多少、布局、大小、色彩,是构成花果树桩盆景艺术的重要部分。这就决定了花果树桩盆景不能像一般树桩盆景那样对枝叶随心所欲地精扎细剪,而是在创作造型中,从根、干、枝、叶、花、果、型整体综合考虑,达到以型载果、以果成型、型果兼备、妙趣横生的境界(图1-35、图1-36)。

图1-35 《酬勤图》(梁凤楼作品)

图1-36 《瑞云》(张宪文作品)

五、技术多样原则

花果树桩盆景创作技术，既不同于一般树桩盆景，又不同于一般果树栽培技术。从原理上，它是二者的融合；从技艺上，它是二者的发展。花果树桩盆景自身特点要求既要保证当年形成足够数量和质量的果实，又要保证翌年形成足够的产量，也就要求依其生长结果习性，综合运用树桩盆景制作和果树栽培的各种技术，方可达到满意的效果（图1-37）。

六、以小见大原则

中国历代盆景艺术家，从实践到理论均强调以小见大（也称缩龙成寸）的创作原则。树桩盆景首先要表现的是自然美，但不可能完全模仿自然；而是"以咫尺之图，写千里之景"，是把大自然景观缩小在盈尺之盆，但不是机械地按比例缩小，而是以小的画面艺术地再现大自然的雄伟壮丽。所谓"小"，是指树桩盆景作品的现实空间，不是真正的小，而是以小见大；而"大"，则是通过树桩盆景所表现出的艺术空间，不是简单的大，而是寓大于小。"见"不是直接的见到，而是表现、观赏、想象；"小"是有限的现实；"大"是无限的想象；"小"是手段，是形式；"大"是空间，是目的。小中见大，能给欣赏者留下更多更大的想象空间，也有利于树桩盆景进入家庭，走向市场，扩大交流（图1-38）。

图1-37 《秋醉》（张忠涛作品）

图1-38 《汉魂》（张文浦作品）

七、艺术美高于自然美原则

树桩盆景艺术源于自然高于自然,即艺术美高于自然美。树桩盆景艺术美的实现,是在自然美的基础上,以修剪、蟠扎、雕凿、配盆、养护等技术为手段来实现的,但技术还不是艺术,技术手段表现的是外部的形,而艺术表现的是形和神的统一,既有技术性的物质加工,又有艺术性的思维活动。我国树桩盆景历来讲究形神兼备、以形传神。形就是树桩盆景外部的客观形貌;神是指树桩盆景所蕴含的"神韵"及其独特的个性。形似逼真,只是树桩盆景创作的初级阶段,而神似才是创作者追求的更高境界。因为树桩盆景中的树木,虽取材于自然界,但不是照搬自然界树木的自然形态,而是经过概括、提炼和艺术加工,把若干树木之美艺术地集中于一棵树上,使这棵树具有更普遍、更典型的美,给人以"无声胜有声"的艺术感受。因此,艺术美之所以高于自然美,就是因为人在艺术创作中花费了大量的"人工",使自然的树木经过"人化"后变得更美(图1-39)。

图1-39 《晨露》(李飙作品)

八、意境决定造型原则

内容决定形式是唯物辩证法的基本法则之一，树桩盆景创作也必须遵循这一法则。树桩盆景创作中的内容就是意境，形式就是造型。树桩盆景艺术水平的高低，其构成形式（即造型）是很重要的，但决定性的不是造型，而是意境。意境的本质，是树桩盆景艺术的核心，是灵魂，造型是为意境服务的。所谓意境是指作者以强烈的思想感情表达的主题思想和艺术作品塑造的形象相契合，创造出那种不是自然而胜似自然、源于真实生活而高于真实生活，并且情景交融、形神兼备的艺术境界。要有高的意境，首先要立意，即确立盆景创作的主题思想。中国树桩盆景从古至今都讲究诗情画意，创作时总要先立意，然后才选择题材和素材（图1-40）。

图1-40 《古木》（李新作品）

1. 因意选材

是作者的情感受到外界的激发，或受到某种事物的启迪，欲把无形而抽象的情感，寄寓在具体可感的外在景物中，使抽象的思想感情具体化、形象化、可感化，从而产生创作的欲望，并依据这一欲望进行立意，然后选材进行创作。选择能够承载作者所要抒发的思想感情的具体形象，赋予强烈的主观色彩，创造出一种完美的意境，从而震撼并感染着观赏者的心灵。这在树桩盆景创作中谓之缘情造景或借境达意，通俗的说法是"因意选材"。

2. 见树生意

当你遇到一棵好的树木时，树桩盆景创作的经验使你不会草率下手，而是上下打量、反复推敲。当眼前的树木和头脑中储存的图像造型结合在一起时，构思就完成了，立意也就产生了，这也叫缘景生情，多用于自然式造型。

3. 贴物载情

人们在长期的生活实践中，由于受物境的某些特征的影响而做出某些决定，是因为某物境已被人们固定化为某种感情的替代物，是为贴物载情。它带有一定的客观性，并使对象人格化。如青松高风亮节，柏树坚韧不拔，柳轻柔飘逸，竹潇洒耿直，牡丹国色天香；又如盆景直干式雄伟挺拔，曲干式婀娜多姿，悬崖式百折不挠，枯干式枯木逢春，丛林式众志成城，古老者老当益壮，年幼者风华正茂，结果的硕果累累，开花的繁花似锦等。这些物境所具有的感情为约定俗成，易被人们所接受。

九、创新立派原则

树桩盆景是一种多变的艺术，也是一种不断发展创新的艺术。凡经历过盆景创作的人，都知道树桩盆景的创作不能按图索骥，只可因形赋式、因式赋神。更何况，石榴在园艺学分类中独为一科，科内仅此一属一种，有着它独特的生物生态学特性，若违背这一特性，按照某些既定的画图来强扭硬扎，则会弄巧成拙、适得其反。石榴树桩盆景虽是某些流派的常用树种，但并未形成石榴树桩盆景创作的独特体系，只形成了以"峄城石榴盆景"为中心的地方风格，而"峄城石榴盆景"不属于任何流派，因此也没有固定的创作模式。这就有利于广大石榴盆景爱好者不受框框本本的束缚，充分施展自身潜能去创新目标，形成石榴盆景独特的艺术流派。

第二章 石榴盆景工具及材料

第一节 制作、养护工具及用途

一、制作盆景时的常用工具及用途

（1）采掘工具。铁锹、铁镐等，采掘、栽培树桩用。

（2）手铲。栽培树桩用。

（3）剪子。包括叉枝剪、长条剪刀、小剪刀等，主要用于剪枝、剪根。

（4）锯。包括普通的手锯、钢锯、鸡尾锯、链条锯等，主要用于锯截粗干、粗根及加工造型。

（5）钳子。普通的电工钳、虎钳、尖嘴钳等，用于截断和缠绕铝丝等金属丝。

（6）雕刻刀、嫁接刀。雕刻刀可用于整形或做人工脱皮、弯曲树干等，嫁接刀主要是在嫁接时用于修削枝干。

（7）圆凿、扁凿。根、干雕凿、挖槽、枯洞修整造型。

（8）筛子。分大、中、小孔（目），用于筛培养土。

（9）竹签。栽植与松土用。

（10）金属丝。包括铝丝、铁丝等。

（11）水壶、喷雾器、水管。用于浇水、喷药。

（12）桶、勺。用于施肥。

（13）梯具。各种规格，进行修剪等高空作业（图2-1）。

（14）升降平台。装卸中型盆景、树桩（图2-2）。

（15）叉车等动力车辆。装卸、运输大型盆景、树桩（图2-3）。

图2-1 各种梯具

图2-2 升降平台

图2-3 叉车等动力车辆

二、石榴盆景制作专用工具

石榴盆景专用工具是根据制作盆景造型的特殊要求而专门设计的，能有效提高盆景制作效率。专用工具及其相关技术的普及，是提高盆景质量、增强市场竞争力的一个重要方面。常用的石榴盆景专用工具有操作台、叉枝剪、球节剪、破杆剪、根切剪、叶芽剪、铝线剪、电动链条锯、磨光机、电磨、电镐（电凿子）、电钻等类型。

1. 操作台

用水泥预制或用木料制成，也可购买钢制旋转操作台。要求平稳，能旋转，以方便从各个角度观察，制作石榴盆景用。

2. 手动工具

手动工具包括叉枝剪、球节剪、叶芽剪、铝线剪、根切剪、破杆剪等（图2-4）。

图2-4　石榴盆景手动工具

叉枝剪是日常修剪的主要工具之一，主要用于从树干处将整条树枝剪除，在枝条密集的地方，叉枝剪的尖形刀口也可以轻松做到修剪。这种剪刀修剪后会留下一个凹面的切口，当切口愈合时，边沿会向内卷起而将切口补平。叉枝剪可以紧贴树干将整条树枝去除，不过切口愈合以后会留下疙瘩。需要特别强调的是：叉枝剪的种类很多，口径尺寸不一，要注意当树枝的直径超过刀刃宽度的一半时，就不能勉强使用，否则会造成工具的损坏。

球节剪是比叉枝剪更新式的工具，剪除树枝后留下的圆凹形切口，愈合后会非常平整。这种剪刀也称为瘤剪，可以用来初步雕刻枯木和树杈，也可用来剪除无法一次性剪断的大型残根，但不可以超强度使用。

叶芽剪的特点是剪刀加长，可以很精确地剪下叶芽或者纤细的嫩枝，非常适用于小型盆景和细枝的修剪。但叶芽剪不能用于修剪过粗的枝干，否则刀刃容易受损。

铝线剪可以精确地剪下缠绕在树枝上的金属丝，而不损伤树皮。使用铝线剪时，要注意刀刃部分应该呈直角对准金属丝。

根切剪坚实耐用，维护打磨方便。它综合了球节剪与破杆剪的特性，强化了其通用性，可轻松解决残根与枯木，也可以做初步的雕刻。

在盆景制作时，粗枝条在做大弯曲造型时利用破杆剪，可在枝条上形成纵向切口，可利用最小化的伤口，得到最大化的弯曲度。以防枝条弯曲时引起横向断裂，造成枝条死亡。使用破杆剪时，刀刃应尽量垂直进入枝条，以免损伤刃口。

3.电动工具

石榴桩材在造型过程中，因桩材枝干粗大，用手动工具锯截不易，为提高效率往往用到电动工具，如电动链条锯、磨光机、电磨、电镐（电凿子）、电钻、高压水枪等（图2-5至图2-7）。

图2-5 链条锯、磨光机　　图2-6 电动凿子及刀头　　图2-7 磨头、雕刻刀

链条锯可对粗大的树干、树枝、大根进行截断处理，用锯尖可对需做舍利干的部位进行粗加工，用时要及时调整链条松紧，多往链条上加润滑油。

电动磨光机，可对桩材粗2～8cm的枝干等进行截断处理。

电镐（电凿子）可对桩材肿大处、平滑处进行切削，枯干做舍利进行劈撕作业等；换上钢丝刷，可对加工后的毛刺、腐烂表层部分打磨。

高压水枪可以冲洗树皮。

使用电动工具制作石榴盆景的实践

电动磨光机

合理使用电动磨光机进行切割、锯截、修整等，会提高作业效率。电动磨光机换上木工切割片应用广泛，使用便捷，但因其功率大、转速高，易卡住后快速甩出，极度危险，建议谨慎使用。

（1）使用时，要心平气和，不可急躁，一招一式谨慎使用。

（2）衣裤要较宽松，便于蹲起、伏身等操作。袖口、裤口不可太宽，防转动时卷带衣服。戴松紧厚薄合适的手套，便于握住工具及操作开关。

（3）选用工具开关前置的电动工具。使用时，大拇指尽量在开关处，随时可关闭电源后置的开关，如遇紧急情况，可关闭电器。

（4）要戴合适的平光眼镜，防木屑溅入眼中。

（5）用电动磨光机锯截时，应轻缓前进或后退，太急进退易卡住，机器受阻后极速甩出，极度危险。双手应握住工具，不可一手握工具，一手扶桩材，且操作时，机器正常1m内不可有人扶桩材，紧急情况下，可能无法躲闪。

（6）电动工具使用时，机器头部护罩一定要上紧，否则卡入木头时，护罩会跟着急速旋转，很危险。

（7）调整机器时，一定要断开电源，防止误操作。

电动凿子（电镐）

实践过程中，发现用电镐配以各种刀头改成电凿子，用起来安全高效。找铁匠把电凿子改成各式凿子，如平凿、尖凿、弯凿、半圆凿、三角凿等。对不易加工的桩材肿大处、平滑处、呆板处进行加工，功效较快。使用时，视具体情况选用合适的凿子，平稳操作，尤其对枝条较多、加工空间小的位置使用方便，易操作，且不伤树。用尖凿子可对舍利干进行撕裂、撑开等加工，功效快且自然。

（实践人：张忠涛）

第二节　石榴盆景的用盆

一、石榴盆景用盆的作用

盆对于盆景来说，既有实用价值，又有艺术价值，其作用远远不止是栽种植物，而是整个盆景造型中不可分割的一部分。它划定了景物的构图范围与景物相辅相成，紧密结合，是盆景造型的重要素材之一，离开了盆，也就无所谓盆景和盆景艺术。

盆景自古以来就讲究用盆，自明代开始，极为重视。因古代陶瓷手工业的高度发达，出现了许多技艺精湛的制盆名家，对盆的造型、色彩和质地等方面进行了大量深入的研究，制出了很多工艺精湛、款式优美、性能良好的盆。今天，我们发展石榴盆景艺术，应该珍视这个有利条件，并在前人的基础上，不断提高，制作出性能更好、质量更高、造型更美观、款式更新颖的盆。同时，应对如何用盆做进一步的研究，根据不同景物选配大小、深浅、形状、色彩等多方面适合的盆，使桩材（景）配上盆后，顿觉面目一新，身价倍增，让石榴盆景艺术放出更为奇异的光彩。

二、石榴盆景用盆的种类

就其质地而言,有紫砂盆、釉陶盆、瓷盆、水泥盆、瓦盆、塑料盆、石盆、竹木盆之分,其形状各异。

1. 紫砂盆(图2-8)

图2-8 紫砂盆

紫砂盆是采用一种被称之为"泥中之泥"的特殊黏土经过1000~1150℃的高温烧制而成的。质地细密、坚韧,里外不上釉,有肉眼看不到的气孔,既不渗漏,又具有一定的吸水和透气性能,对植物生长发育有利。色质古雅、庄重、极富民族特色,加之制作缜密精巧,其实用价值和艺术价值均较高。其排水性能好,无光泽和颜色偏深,多用于桩景或树石盆景。

紫砂盆以宜兴最著名,宜兴紫砂以质细、坚韧、古朴、透性好、品种多,被世人称为"神器"。紫砂盆可谓集器皿和造型之大成,从极深的签筒到极浅的水底盆,应有尽有,目前有五六百种之多。口面形状有方、圆、六角、八角、菱形、椭圆、扇形及象形等。此外,脚式、角式、艺术装饰、盆孔等造型都有多种多样的。主要色彩有海棠红、朱砂紫、葵黄、墨绿、白砂、梨皮、淡灰、冷金、栗色等。

2. 釉陶盆(图2-9)

图2-9 釉陶盆

釉陶盆是采用可塑性较好的黏土做成胎体，外面涂上低温釉彩，经过900～1200℃的高温烧制而成的。盆栽盆的里面和盆底部均不上釉，利于排水透气。釉陶盆颜色各异，形状多样，素雅大方，质地疏松。主产于广东石湾和江苏宜兴。

江苏宜兴釉陶盆是在继承宋代"钧窑"传统技法的基础上制作的，故又称"钧陶盆"。它以造型优美独特、釉色淳厚清雅而独树一帜，乃不可多得之珍品。宜兴釉陶盆的胎质较石湾盆坚韧，栽植树木时，吸水性能稍差一些，但对于浅盆和小盆来说，也无大影响。

3. 瓷盆

采用精选的高岭土，经过1300～1400℃的高温烧制而成。质地细密坚硬，外表美观、色彩鲜明华丽，形状主要有圆形、方形、八角形等几种，均为直口或瓢口，盆上多有彩绘的人物、山水图案或浮雕图案及诗词等，工艺精致，有很高的艺术价值。由于色泽华丽，与景物不易调和，一般用于石榴盆景等观花、观果类盆景，不宜栽种观叶盆景。瓷盆不吸水、透气性能差，不宜直接栽种植物，大多用作陈设套盆或山水盆。主要产于江西景德镇、湖南醴陵、河北唐山、山东淄博、浙江龙泉和福建德化等，以景德镇最为著名。

4. 水泥盆（图2-10）

图2-10　水泥盆

水泥盆用水泥浇铸而成。可先用木料或泥巴做成盆形模，用水泥1份、河沙3份，掺1份长石粉，用水调匀放入模内，再加钢筋制成。古朴典雅，别具一格，多用于大、中型石榴盆景、盆栽。水泥盆不如陶瓷盆细致，不及石盆坚实，但成本较低，便于自制，形状、规格、色彩等便于灵活处理。水泥盆的色彩一般为本色（灰色或白色），也可在水泥中掺进颜料，制成各种色彩的水泥盆。

5. 瓦盆

又称素烧盆，系黏土烧制而成，质地粗、色单，仅灰黑或暗红，形状亦简单，均为圆形，盆栽盆深浅不一，规格3.33～33.3cm不等。瓦盆外观粗糙，虽不美观，但吸水及透气性能极好，利于植物生长，适宜用于石榴桩材、幼苗的培育。

6. 塑料盆

用塑料制成，色彩多样，形状各异，华丽，不透水，易老化，价格低廉，不上档次，多用于小型、微型石榴盆景、盆栽。

三、石榴盆景的选盆

好盆本身就是一件艺术品，作为盆景，用盆需要与树桩相协调。因此必须注意选盆。

对石榴树桩盆景而言，应根据树桩的粗细大小、苍古高矮、栽培的深浅、造型式样等考虑选盆。由于需栽植桩景，所以树桩盆景的盆一般采用深盆，盆底有排水孔。单干、双干等孤赏性桩景一般用方整、深大的盆，方圆对称给人以明快醒目之感；盆容量大，有利植物根系生长发育。多干式桩景用较浅的盆，可显出盆的宽敞，使画面境界开阔。特殊的桩型要用特殊的盆。如悬崖式盆景宜用签筒盆；深根性冠幅大的桩景，用盆也相应要大、深。从盆景竖向构图来讲，盆浅、小些有利于突出桩景主题。但从桩景的养护管理来讲，盆容量的加大有利于根部的生长，因此，不免产生矛盾。所以选盆时需认真权衡，通盘考虑。一般多采用及时翻盆或换盆来克服盆土容量小的问题。

盆的颜色与质地的选配，总体来讲，传统上多采用紫砂盆。紫砂盆的颜色质地古朴、典雅、深沉、柔和、盆面细腻，做工精细，能广泛适合石榴等各类树桩的栽培和陈设观赏，特别是中型的老桩使用紫砂盆，更突出桩景的苍古，使盆桩易于统一协调。小型、微型石榴盆景只求古意，不如中大型盆景的气势大，因此，除了可用紫砂盆加以烘托外，也可用钧釉盆来增添活泼气氛，调节对比关系。瓷盆胎薄、细润、高雅华贵用它来配古桩会冲淡苍古韵味。瓷盆的透气性较差，直接栽入瓷盆的桩景养护十分困难，因此可作套盆，但以素色、淡雅为好，不宜选用色彩过浓、装饰过多的彩盆。石盆一般用大理石、青石等制成，也有用水泥等材料仿制，多为浅盆，适合山石盆景，也可用于石榴多干丛林式盆景。

第三节　石榴盆景的用土

石榴新桩栽植时，适合素沙土。待成活换盆（土）时，需要蓄水性能好、吸肥力强、有机质含量比例较高的培养土栽植。

一、素沙土

素沙土，一般指河沙，它排水透气性好，但是无肥力，可单独用作扦插或播种的基质，也用于混合其他培养材料中以利排水，如掺入黏重土壤中，可改善土壤物理结构，增加土壤排水通气性，还有铺在盆底作为透水层的。

石榴新桩种植时，因须根少、粗根截口大，要用不含肥料的素沙土种植，以利于透气、生根，待成活1~2年后再换上营养土。

二、培养土

石榴对土壤酸碱度要求不高，pH在5.5~7之间均可，在含石灰质略带黏性土中生长良好，土中有小沙砾或碎石子更好。树桩成活后的营养土配制要用含腐殖质、有机肥的为好。腐烂的落叶、动物粪便堆积在一起，充分发酵，腐熟后可使用，其肥效丰富、蓄水性强，可改善、疏松土壤，可作为基肥，肥效长。营养土一般用充分发酵的鸡粪、猪粪等约2/10，腐殖质（草炭、烂树皮、腐烂秸秆、生产蘑菇废料等）约2/10，地表层熟土约6/10，一起配制而成（图2-11）。

石榴盆景春季换土时，可在营养土的基础上，再加少许磷酸二铵及磷肥配制。此土有含肥量高、肥效长、保水性能好、透气性好等优点。夏季加少许复合肥，或在盆土表面撒一层有机肥或复合肥，可满足全年生长需要，利于形成花芽果。

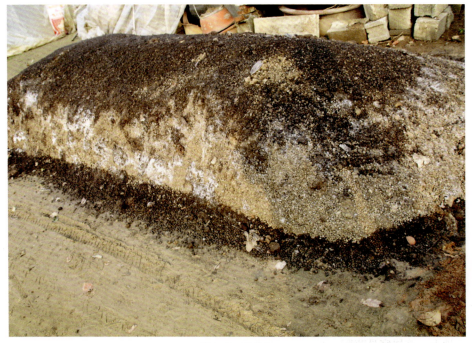

图2-11 营养土

第四节　石榴盆景的几架和配件

一、石榴盆景的几架

在盆景艺术的欣赏上，有"一景二盆三几架"的说法。好的几架本身也是一种艺术品，具有较高的观赏价值。适宜的盆景几架可为景增辉，能提升石榴盆景的艺术效果。石榴盆景的几架按制作材料分为木几架、竹几架、天然树根几架、陶瓷几架、水泥几架等（图2-12、图2-13）。

1. 木几架

一般用硬木制成，精细。常用木料有红木、紫檀木、银杏木、枣木、楠木、黄杨、柚木等。以红木最常见，一般以清漆涂饰，以保留木料原色。木质几架在形式上，主要有明式和清式之分。明式几架结构简练，色调凝重，造型古雅；清式几架结构精巧，线条复杂，多用雕镂刻花。

木质几架用于室内（装饰）陈设。按陈设方式分地式几架和桌案式几架两类。地式几架一般较高，直接放在地上，多属家具范围，有

图2-12　几架（张忠涛作品）

图2-13　博古架（王小军作品）

方桌、长桌、圆桌、半圆桌、琴几、茶几、方高几、圆高几、双连高低几以及博古架等。桌案式几架一般较矮小，置于桌案之上，其上再放盆景。木几架的形状很多，常见的有方形、长方形、圆形、椭圆形、海棠形、多边形、书卷形及双连高低式、多件式等。几架规格也有多种，高度变化不等，书卷形、长方形、椭圆形等多较矮，主要放置浅盆；圆形、方形等则有高有矮。

2. 竹几架

多用斑竹和紫竹制成，亦有用普通竹经熏制模仿斑竹和紫竹制成的。外面可涂或不涂清漆，为保留竹的质感，就不要涂漆。竹几架结构简练、自然纯朴、色彩淡雅，一般用于微型、小型石榴盆景的室内陈设。

3. 天然树根几架

石榴树等天然老根经加工，外面涂上颜色或清漆。亦有用黄杨木一类的硬木料雕刻成老树根状的。

4. 水泥几架

有用水泥预制的几架。室外陈设，放置大型石榴盆景、盆栽。常见于石榴盆景园中，形式自由，多为两件式，亦有与建筑连成一体的，如博古架式。

二、石榴盆景配件

盆景配件指盆景中除植物、山石以外的点缀品。包括人物、动物、小船、小桥、园林建筑物等。配件虽小但作用极大，它在突出主题、创造意境方面起着重要作用。在石榴盆景创作中可以丰富内容，有助于渲染环境，增添生活气息和情趣等。

盆景配件能起到比例尺的作用，体现盆景小中见大的特点。安置配件时要注意到远小近大、高小低大的透视原则，这对表现景物的纵深感很有帮助。

盆景配件品种繁多，形式多样，只有精心挑选，恰当配置，才能在盆景中起到画龙点睛的作用，达到点题的目的。反之，配置不当就会起到画蛇添足的反作用。

盆景配件的质地有陶质、瓷质、石质、胶质、金属、塑料、玻璃、木材、砖雕、泥塑等数种，常见的有如下几种。

1. 陶瓷质配件

用陶土烧制而成，有上釉和不上釉两大类。是盆景运用较广泛的配件，不怕水、不变色，容易与盆景调和。陶瓷配件主产于广东石湾、江苏宜兴等地，以广东石湾的产品最好。石湾配件，造型生动、色泽古朴、制作精细，是盆景配件中的上品，久负盛名，普遍应用于各种盆景中。

石湾陶瓷配件大多仿古代山水画中的有关形象，多成套制作，品类齐全，品种极多。人物主要有独立、独坐（图2-14）、对弈、读书、摇扇、醉酒、弹琴、吟诗、对

图2-14 人物配件（梁凤楼作品）

酌、垂钓、吹箫、归渔、背柴、耕田、跨马、骑牛、肩挑、牧童等；建筑有茅亭、四方亭、长方亭、六角亭、方塔、圆塔、石板桥、木板桥、石拱桥、曲桥、柴门、砖墙门、月门、茅屋、水榭等；动物有牛、马、羊、猴、鸟、鸡、鸭、鹅等，每种又各有不同的姿态；船只有帆船、橹船、渔船、渡船、客船等，数不胜数。

2. 泥塑配件

用黏泥捏制、烘干而成，多数都上色。目前，配件市场上彩绘泥塑较多。这种配件价格便宜，种类齐全，但不耐久，易破碎，吸水后极易脱皮开裂。

第三章

石榴盆景的品种选择

用石榴制作的盆景、盆栽、景观树，其用途主要是观赏，其次作为食用。除观赏其形外，还要对花型、花色、果皮颜色、籽粒大小、口感以及抗寒性、抗病性等有所选择，并且选择要求越来越高。石榴的食用品种、观赏品种、食赏兼用、微型观赏等各种品种都适宜造型，但想既赏造型，又赏花果，还食用果实，就要进行石榴盆景类型和石榴盆景的品种选择。

第一节　石榴盆景类型的品种选择

树木盆景的规格是按植物高度或空间长度来划分的。植物高度以土面根颈部至顶梢的高度来计算，悬崖式、卧干式、临水式等造型的盆景则以土面根颈部至飘枝梢端空间长度来计算。不同时期、不同团体的评定标准也不尽相同，像微型盆景，以前的标准是植物高度不超过10cm，后来逐渐提升至15cm、20cm，现在则为25cm。

按照中国风景园林学会赏石盆景分会2012年的评定标准，树木盆景的具体规格如下。

微型盆景：树高25cm以下的盆景。此类盆景多以3～7盆组合，置于博古架中，可用小草、奇石或其他小摆件做陪衬。

小型盆景：树高26～50cm（文人树26～60cm），冠幅不过90cm。

中型盆景：树高51～90cm（文人树61～100cm），冠幅不超过120cm。

大型盆景：树高91～120cm（文人树101～150cm），冠幅不超过150cm。

超大型盆景：树高在120cm以上（文人树为151cm以上）的盆景。此在展览中一般只参加展览，不参加评比，但可用于布置庭院、屋顶花园、公园广场、酒店餐厅等处。

一、超大型、大型石榴盆景

适宜品种有山东'大红袍甜''大青皮甜''秋艳''大马牙甜''泰山红''大青皮酸''紫玉'，陕西'净皮甜''御石榴''陕西大籽'，河南'大红皮甜'，安徽'皖黑1号''玉石籽''青皮甜''白花玉石籽'，河北'太行红'，山西'江石榴'，四川'青皮软籽'，云南'甜绿籽''红玛瑙'等。这类品种多为大型果类的品种，食赏兼用。红皮类、紫皮类品种更受市场欢迎。适宜摆放在庭院、社区、公园、广场、绿地、机关企事业单位等场所（图3-1至图3-4）。

图3-1 超大型石榴盆景（张孝军作品）

图3-2 超大型石榴盆景《双雄》(张新友作品)

图3-3 大型石榴盆景（张忠涛作品） 　　图3-4 大型石榴盆景（朱秀伦作品）

二、中型石榴盆景

适宜品种有山东'大红袍甜''大青皮甜''峄城小红袍甜''紫玉''秋艳''大马牙甜''泰山红''大青皮酸'，陕西'净皮甜''御石榴''陕西大籽'，河南'大红皮甜'，安徽'皖黑1号''玉石籽''青皮甜''白花玉石籽'，河北'太行红'，山西'江石榴'，四川'青皮软籽'，云南'甜绿籽''红玛瑙'及'复瓣红花石榴''复瓣白花石榴''复瓣粉红花石榴''单瓣粉红花石榴''复瓣玛瑙石榴''单瓣玛瑙石榴'等。这类品种多为大型、中型的果，食赏兼用，或乔木类型的观赏品种。红皮类、紫皮类、观赏石榴品种更受市场欢迎。适宜摆放在庭院、社区、公园、广场、绿地、机关企事业单位等场所（图3-5、图3-6）。

图3-5 中型石榴盆景《本固枝荣》（芦修安作品）　　图3-6 中型石榴盆景（张孝军摄影）

三、小型、微型石榴盆景

适宜品种有'宫灯石榴''皖黑1号''紫玉''月季石榴''小紫玉''复瓣红花月季石榴''墨石榴'等。这类品种多为微型观赏类（看石榴类），主要做观赏，花、果同赏，但果实、籽粒太小，食用价值不大。适宜摆放于庭院、阳台、屋顶、会议室等场所。近几年来，利用石榴扦插或播种育苗，培养"童子功"等小型、微型石榴盆景，市场前景看好，发展较快（图3-7至图3-10）。

图3-7　小型石榴盆景《果润金秋》（颐和园管理处作品）

图3-8　小型石榴盆景（刘玉德作品）

图3-9　微型石榴盆景（束存一作品）

图3-10　微型石榴盆景（王小军作品）

第二节 石榴盆景的品种选择

依据石榴盆景制作需求,可根据果皮颜色划分石榴盆景品种类型,主要分为红皮果类、紫(黑)皮果类、青皮果类。另外,可根据观赏类型分为乔木观赏类、微型观赏类(看石榴类、小石榴类)。

一、红皮果类

1.大红袍甜(图3-11)

来源与分布:又名'大红皮甜'。系山东枣庄地方农家品种、优良品种、主栽品种之一,主要分布于枣庄,国内其他石榴产地多已引种。

性状:果实个大、皮艳、外观美。大型果,扁圆球形,果肩齐,表面光亮,果皮呈鲜红色,向阳面棕红色,并有纵向红线,条纹明显,梗洼稍突,萼洼较平,到萼筒处颜色较浓,一般果实中部色浅或呈浅红色。果型指数0.95,一般单果重550g,最大者1250g。果皮厚0.3~0.6cm,较软。有心室8~10个,含籽523~939粒,多者达1000粒以上,百粒重32g,籽粒粉红色,透明,可溶性固形物含量16%,汁多味甜。树体中等大小,一般树高4m,冠幅5m,干性强,枝干较顺直,萌芽力、成枝力均强。叶片多为纺锤形,叶长6.8cm,叶宽2.8cm,叶色浅绿至绿色,质地稍薄。花红色、单瓣,萼筒较小,萼片闭合至半开张。

该品种耐干旱,抗根结线虫病能力较强,早熟品种,果实成熟时遇雨易裂果,不耐贮运。

2.峄州红(图3-12)

来源与分布:又名'红皮马牙',系枣庄市石榴研究中心选育的优良品种。2019

图3-11 大红袍甜

图3-12 峄州红

年获2019中国·北京世界园艺博览会优质果品大赛金奖，为石榴产品类的唯一金奖。2020年获得山东省林木品种审定委员会审定，编号：鲁S-SV-PG-024-2020。主要分布于枣庄市境内，国内石榴产地多已引种。

性状：大型果，扁圆球形，果肩陡，果面光滑，红色，具有光泽，萼洼基部较平或稍凹。果型指数0.9，一般单果重500g，最大单果重1300g。果皮厚0.25～0.45cm，心室10～14个，每果有籽351～642粒，百粒重42～48g，籽粒粉红色，特大，形似马牙，味甜多汁，可溶性固形物含量15%～16%。树体高大，一般树高5m左右，冠径一般大于5m，树姿开张，自然状态下多呈圆头形，萌芽力强，成枝力弱，枝条瘦弱细长。叶片倒卵圆形，叶长6.8cm，叶宽3cm，淡绿色；枝条上部叶片呈披针形，叶基渐尖，叶尖急尖，向背面横卷。花红色、单瓣，萼筒短小，萼片闭合至半开张。

该品种较耐瘠薄干旱，中熟品种，早产、丰产、稳产。

3.小红袍甜（图3-13）

来源与分布：系山东枣庄地方农家品种，主要分布于枣庄。

性状：小型果，扁圆球形，单果重一般150～300g。果皮光滑发亮，阳面红色，阴面微红，果棱5条明显，萼洼微突。每果有籽粒370粒左右，百粒重21.5g，籽粒小，细长，少数有不太明显的针芒状放射线，顶部红色，含糖量12.5%，初成熟时稍有涩味，8月底9月初成熟。树体较小，干性稍强，分枝多，生长势强，二次枝较多，刺多。叶长5.6cm，叶宽2.5cm，较平展。花红色，单瓣，萼筒较长，萼片较厚、闭合。

该品种抗根结线虫病能力较强。

4.半口小红袍酸（图3-14）

来源与分布：系山东枣庄地方农家品种，主要分布于枣庄。

性状：果实近圆球形，粉红色，向阳面及萼筒基部全红色，萼筒较短，萼片5～6裂，

图3-13　小红袍甜

图3-14　半口小红袍酸

半开张，果基微突或平，果肩圆滑，棱明显。心室9～10个，单果有籽350粒左右，百粒重25.5g，籽粒红色，可溶性固形物含量17.5%，酸味不浓，故称半口。成熟期8月底。树体中等，树冠不开张，干性稍强，枝条稍直立，分枝多，刺多。叶片大，向内抱合，狭长，波状皱轻，叶尖渐尖，稍直立或斜生。

5. 泰山红（图3-15）

来源与分布：山东省果树研究所1984年在泰山南麓发掘出的优良地方品种，1996年通过山东省农作物品种审定委员会审定。主要分布于山东泰安，国内其他石榴产地多已引种。

性状：果实近圆球形或扁圆形，艳红，洁净而有光泽，极美观。果实较大，纵径约8cm，横径9cm，一般单果重400～500g，最大750g；萼片5～8裂，多为6裂，果皮薄，厚0.5～0.8cm，质脆。籽粒鲜红色，粒大肉厚，平均百粒重54g，汁液多，可食率为65%，核半软，口感好，可溶性固形物含量17.2%，可溶性总糖14.98%，维生素C含量5.26mg/100g，可滴定酸0.28%，风味佳，品质上等，耐贮运。9月下旬至10月初成熟。在山东泰安地区，6月上中旬一次花开放，6月底二次花开放，自花授粉，9月下旬至10月初为采收适期。

该品种早实性强，适应性强，抗旱，耐瘠薄，抗涝性中等，抗寒力较差，抗病虫能力较强。

6. 河南大红甜（图3-16）

来源与分布：系河南地方农家品种，主要分布于河南各地，国内其他石榴产地多已引种。

性状：果实圆球形，果皮红色有星点果锈，厚度3mm左右，致密，萼筒圆柱形，

图3-15　泰山红

图3-16　河南大红甜

萼片一般6裂，开张。平均单果重254g，最大单果重600g。子房9～12室，籽粒红色，百粒重35.5g，可溶性固形物含量14.5%，味酸甜，核较硬，品质优良。树形开张，长势中庸，冠内枝条密集，萌芽力强，成枝力强，极易形成旺长枝条。幼叶紫红色，成叶长6.5～7.5cm，宽1.6～1.9cm，深绿，长椭圆形，叶尖圆钝，叶基部楔形，叶柄紫红色。花萼红色，花冠红色，花瓣一般6片。在河南省中部地区，3月30日前后萌芽，4月上旬展叶，5月25日至6月5日前后为盛花期，9月25日前后头批果实成熟，果实生长发育期120天左右，10月30日前后落叶，后进入休眠期。

该品种丰产性好，适生范围广，抗旱、抗寒、耐瘠薄、耐贮藏，抗病虫能力中等。

7. 临潼大红甜（图3-17）

来源及分布：又名'大红袍''大叶天红蛋'。系陕西西安地方农家品种，主要分布于西安，国内石榴产地多已引种。

性状：果实大，圆球状，平均单果重300～450g，最大单果重620g。萼片6～7裂，直立、开张或抱合。果皮较厚，果面光洁，底色黄白，色彩浓红，外形美观。百粒重44g，鲜红或浓红色，近核处针芒极多，味甜，微酸，可溶性固形物含量15%～16%，品质优，种核硬。树势强健，树冠较大，半圆形，枝条粗壮，多年生枝灰褐色，茎刺少。叶大，长椭圆形或阔卵形，浓绿色。萼片、花瓣朱红色。在陕西西安地区，3月下旬萌芽，5月上旬至7月上旬开花，盛花期5月中下旬，9月上中旬成熟，11月上旬落叶。

该品种抗寒、抗旱、抗病，采前遇雨裂果较轻。

8. 净皮甜（图3-18）

来源和分布：又名'净皮石榴''粉红石榴''粉皮甜''大叶石榴'。系陕西西安

图3-17　临潼大红甜

图3-18　净皮甜

地方农家品种、主栽品种、优良品种，主要分布于西安，国内其他石榴产区多已引种。

性状：果实大，圆球形，平均单果重250~350g，最大单果重1100g。萼片4~8裂，多数7裂，直立、开张或抱合，少数反卷。皮薄，果面光洁，底色黄白，果面具粉红或红色着色，美观。百粒重40g，粉红色，充分成熟后深红色，可溶性固形物含量15%~16%，核较硬。树势强健，耐瘠薄，抗寒耐旱。树冠较大，枝条粗壮，茎刺少。叶大，长披针状或长卵圆形，绿色。3月底萌芽，5月上旬至7月上旬开花，9月中旬成熟。

该品种丰产性好，适生范围广，适应性强，耐干旱瘠薄，品质佳，采前及采收期遇连阴雨易裂果。

9.御石榴（图3-19）

来源和分布：因唐太宗和长孙皇后喜食而得名御石榴。系陕西咸阳礼泉县、乾县地方农家品种、优良品种、主栽品种，主要分布于咸阳，国内其他石榴产地多已引种。

性状：果实圆球形，极大，平均单果重750g，最大单果重1500g。萼片粗大，萼筒5~8裂，多数6~7裂，直立抱合。果面光洁，底色黄白，阳面浓红色，果皮厚。籽粒大，红色，百粒重42g，汁液多，味酸，可溶性固形物含量14.5%，品质中上。4月中旬萌芽，10月上中旬采收。树势强健，枝梢直立，发枝力强，树冠呈半圆形。主干、主枝上多有瘤状突起物，多年生枝灰褐色，一年生枝浅褐色。叶片长椭圆形、较小、浓绿。

该品种较耐瘠薄干旱，晚熟品种，早产、丰产、稳产、抗裂果。

10.江石榴（图3-20）

来源与分布：又名'水晶江石榴'。系山西运城地方农家品种、主栽品种、优良品种，主要分布于运城，国内其他石榴产地多已引种。

性状：果实扁圆形，端正，纵径10~12cm，横径9~12cm，平均单果重250g，最大单果重达750g。萼片5~8裂，闭合或半闭合，萼筒长约3.5cm，钟形。果皮鲜红艳

图3-19　御石榴

图3-20　江石榴

丽，果面净洁光亮。果皮厚0.5~0.6cm，皮重占全果重的40%，子房5~8室，隔膜薄，籽粒大，软仁，每果有籽粒650~680，籽粒深红色，水晶透亮，内有放射状白线，味甜微酸，汁液多，可溶性固形物含量17%。树体高大，树势强健，枝条直立，分枝力强，易生徒长枝，多年生枝干深灰色。叶片大，倒卵形，叶尖圆宽，色浓绿。在山西运城地区，该品种9月中下旬成熟，耐贮运，可贮至翌年2~3月。

该品种抗风，抗旱，适应性强。成熟时遇雨易裂果。

11. 六月红（图3-21）

来源与分布：系云南六月红农业科技有限公司选育的特早熟、超软籽石榴新品种。2023年获得国家林业和草原局颁发的植物新品种权证书，品种权号：20230467。主要分布于云南红河，国内各石榴产区多已引种。

性状：大型果，平均单果重427g。果实近球形，果实大小整齐，果面光洁，果皮浓红，果实棱肋不明显。果皮厚3mm，萼筒闭合，籽粒紫红色，百粒重36.5g，籽粒硬度2.11kg/cm^2，平均可溶性固形物含量15.8%，糖酸比50.26，风味酸甜，枝条较硬，易整形，综合品质优良。在云南红河地区6月20日左右成熟。

该品种早熟，丰产稳产，果个大，果皮浓红，抗病、抗裂果，挂树时间长。修剪不敏感，耐寒性强于'突尼斯软籽'石榴。

12. 中石榴4号（图3-22）

来源与分布：系郑州果树研究所选育的软籽石榴品种。2020年通过河南省林木品种审定委员会审定，林木良种编号：豫S-SV-PG-004-2020。2020年获得国家林业和草原局颁发的植物新品种权证书，品种权号：20200336。分布于郑州，国内其他石榴产区多已引种。

性状：果实近圆形，大果型，平均单果重462g，纵径9.5cm，横径8.4cm。果皮光洁明亮，果面深红色，果皮厚度5.6mm，籽粒深红色，汁多味甜酸，百粒重44g，核仁超软，可溶性固形物含量15.2%，品质优良。树势强健，树姿开张，树冠半圆形，

图3-21　六月红

图3-22　中石榴4号

枝条半直立，主干灰褐色。在河南郑州地区9月下旬成熟，极易成花结果。

该品种籽粒软，具有丰产稳产、果个大、果皮浓红、抗病等特性。耐寒性强于'突尼斯软籽'石榴。

二、紫（黑）皮果类

1. 皖黑1号（图3-23）

来源及分布：又名'紫皮甜'。系淮北市软籽石榴研究所选育的优良品种，2008年获得安徽省品种审定委员会认定，编号：皖R-SV-PG-005-2008。主要分布在淮北，山东、江苏等其他国内石榴产区多已引种。

性状：中型果，果实近圆形，果个均匀，果面光洁且有光泽，紫黑色，果实棱肋明显，果型指数0.96。平均单果重332g，最大单果重740g，果皮厚0.4~0.55cm。心室8~10个，室内有籽210~360粒，籽粒深红色，总糖8.7%，总酸0.42%，平均百粒重43.4g，汁液多，口味甜。果实成熟期为9月底至10月上旬，为中、晚熟品种。树体略小于普通石榴，叶间距4cm，叶长6cm、宽2cm。花红色，单瓣。

该品种抗病虫能力较强，较耐干旱瘠薄，早产、丰产，抗裂，耐贮运。果实颜色别致，较为适宜园林绿化、制作盆景。

2. 紫玉（图3-24）

来源及分布：系山东枣庄地方农家品种、优良品种，主要分布于枣庄，国内其他石榴产区多已引种。

性状：中型果，近圆形，果个均匀，果面光洁且有光泽，淡紫黑色，果型指数0.95，平均单果重160g，最大390g。果皮厚0.4cm，平均百粒重38g，汁液多，口味甜，可溶性固形物含量13.5%。果实成熟期为9月底至10月上旬，为中晚熟品种。树体略小于普通石榴，叶间距2.2cm，叶长4.5cm、宽1.4cm。花红色，单瓣。

该品种抗病虫能力较强，较耐干旱瘠薄，早产、丰产，抗裂，耐贮运。果实颜色别致，较为适宜园林绿化、制作盆景。

图3-23 皖黑1号

图3-24 紫玉

3. 紫美（图3-25）

来源与分布：1996年从以色列引入我国的半软籽石榴。攀枝花市农林科学研究院等单位选育，2015年通过四川省农作物品种审定委员会审定，审定编号：川审果2015010。主要分布于攀枝花和凉山，国内其他石榴产区多已引种。

性状：果实近球形，单果重581g，最大单果重1334g，果实纵径8.5cm，横径9.9cm。果皮厚度0.3cm，果皮质地粗糙，平均百粒重45g，籽粒深红色，半软，可食率47.9%，维生素C含量12.1mg/100g，总糖含量11.48%，总酸含量1.43%，可溶性固形物含量17.4%，风味酸甜。果实外观优，果肉品质中等。在四川攀枝花地区，2月中旬萌芽，3月中旬现蕾，4月上旬至5月下旬开花，9月中下旬成熟。

该品种果个大、籽粒半软、抗病、抗裂果、耐贮性强，鲜食和加工兼用。

4. 赤艳（图3-26）

来源与分布：国家林业和草原局调查规划研究院等单位选育的半软籽石榴，2020年获得国家林业和草原局颁发的植物新品种权证书，品种权号：20200304。主要分布于枣庄，国内其他石榴产区多已引种。

性状：大型果，平均单果重587g，果面光洁，果皮紫红，果实近球形，果实棱肋不明显。籽粒浅紫红色，半软，平均百粒重56.5g，籽粒硬度3.9kg/cm^2，平均可溶性固形物含量17%，总糖含量14.84%，总酸含量10.27%，糖酸比1.44，风味酸甜。在山东枣庄地区3月底萌芽，5月下旬至6月初盛花期，早花果9月底成熟，二花果10月中下旬成熟，11月中旬开始落叶。

该品种果个大、籽粒半软、抗病、抗裂果、风味浓、耐贮藏，鲜食和加工兼用。

图3-25 紫美

图3-26 赤艳

5. 黑美人（图3-27）

来源与分布：系云南会泽高老庄农业庄园有限公司优选命名的半软籽品种，主要分布于云南红河、大理、丽江，国内各石榴产区多已引种。

性状：大型果，平均单果重500g，最大单果重2150g。果实近球形，籽粒大小整齐，果面光洁，果皮紫红，果实棱角明显。果皮厚3.2mm，萼瓣打开，籽粒紫红色，平均百粒重35.5g，籽粒硬度3.71kg/cm^2，平均可溶性固形物含量16.8%，风味酸甜。枝条较硬，易整形，综合品质优良。在云南红河地区9月上旬成熟，属于中晚熟品种。

该品种丰产稳产，果个大，抗病，抗裂果，贮藏期长，挂树时间长。对修剪不敏感，抗冻能力比'突尼斯软籽'稍强。

图3-27 黑美人

三、青皮果类

1.大青皮甜（图3-28）

来源与分布：俗称'铁皮甜'。系山东枣庄地方农家品种、优良品种、主栽品种，约占栽培总量的80%，主要分布于枣庄，国内其他石榴产区多已引种。

性状：果实个大、皮艳、外观美是其突出特点。大型果，果实扁圆球形，果皮黄绿色，向阳面着红晕，果肩较平，梗洼平或突起，萼洼稍凸。果型指数0.91，一般单果重500g，最大单果重1520g。果皮厚0.25～0.4cm，心室8～12个，室内有籽431～890粒，百粒重32～34g，籽粒鲜红或粉红色，可溶性固形物含量14%～16%，汁多，甜味浓。树体较大，树高4～5m，树姿半开张，骨干枝扭曲较重，萌芽力中等，成枝力较强。叶长6.5cm，叶宽2.8cm，长卵圆形，叶尖钝尖，叶色浓绿，叶面蜡质较厚。花红色、单瓣，萼筒短，萼片半闭合至半开张。

该品种丰产性能好，果实抗真菌病害能力较强，耐干旱，耐瘠薄，易裂果，晚熟品种，果实不耐贮藏。

2.小青皮酸（图3-29）

来源与分布：系山东枣庄地方农家品种，主要分布在枣庄。

性状：小型果，果实扁圆形，果肩较平，果面光滑，黄绿色，向阳面有红色条

图3-28　大青皮甜

图3-29　小青皮酸

纹，梗洼平，萼洼稍凹。果型指数0.78，一般单果重240g。果皮厚0.35cm左右，心室8个，室内有籽560粒，百粒重20g，籽粒粉红色，可溶性固形物含量14.5%左右，味特酸。生长势中等，年生长量较小，成枝力、萌芽力较强。

该品种为中、晚熟品种，抗根结线虫病能力较强，耐瘠薄、耐干旱，丰产、稳产，果实较耐贮藏，适合加工。

3. 大马牙甜（图3-30）

来源与分布：俗称'青皮马牙甜'。系山东枣庄地方农家品种、优良品种、主栽品种之一，主要分布于枣庄，国内其他石榴产区多已引种。

性状：大型果，果实扁圆球形，果肩陡，果面光滑，青黄色，果实中部有数条红色条纹，上部有红晕，中下部逐渐减弱，具有光泽，萼洼基部较平或稍凹，果型指数0.9。一般单果重500g，最大者1300g，果皮厚0.25～0.45cm，心室10～14个，每果有籽351～642粒，百粒重42～48g，籽粒粉红色，特大，形似马牙，味甜多汁，故名"马牙甜"，可溶性固形物含量15%～16%。树体高大，一般树高5m左右，冠径一般大于5m，树姿开张，自然状态下多呈圆头形，萌芽力强，成枝力弱，枝条瘦弱细长。叶片倒卵圆形，叶长6.8cm，叶宽3cm，深绿色；枝条上部叶片呈披针形，叶基渐尖，叶尖急尖，向背面横卷。花红色、单瓣，萼筒短小，萼片半开张至开张。

该品种果实抗病虫能力较强，较耐瘠薄干旱，中、晚熟品种，有轻度裂果，果实较耐贮运，抗寒能力稍弱。

4. 大青皮酸（图3-31）

来源与分布：俗称'铁皮酸'。系山东枣庄地方农家品种，主要分布于枣庄。

性状：果个大、味酸、耐贮藏。中、大型果，坐果率高，丰产、稳产。单果重

300~350g，最大600g。果面黄绿色，有光泽，有不规则的黑色斑点，向阳面具红晕或红褐色斑块，果面六棱明显。籽粒白色至粉红，平均每果有籽680粒，百粒重23.7g，味特酸。树体高大，一般树高5m以上，生长势强，二次枝较少，枝条直立，连续结果能力强。多年生枝灰白或灰色，1年生枝青灰色。枝条中下部叶片呈长椭圆形，梢端叶片为披针形，叶长4.5cm，宽2.2cm，叶色深绿，有光泽。花红色、单瓣。

该品种为晚熟品种，耐贮藏，抗根结线虫病能力较强。

5.青皮谢花甜（图3-32）

来源与分布：系山东枣庄地方农家品种，主要分布于枣庄。

性状：中型果，果实近球形，果肩平，果面光滑，具有光泽，果皮黄绿色，向阳面有红晕，有浅红色条纹和少量黑褐斑点，并有明显的4条棱线，果实梗洼突起，萼洼较平，近萼筒处绿色，果型指数0.86。一般单果重450g，最大550g。果皮厚0.25cm，果内多9个心室，个别10个心室，每果有籽约600粒，多者达897粒，百粒重约38g，籽粒淡红色，味清香，可溶性固形物含量15%。籽粒膨大初期即无涩味，故称"谢花甜"，中熟品种。树体中等大小，一般树高3m，冠径3.5m，树冠开张，在

图3-30 大马牙甜

图3-31 大青皮酸

图3-32 青皮谢花甜

自然生长状态下呈自然圆头形，干性弱，主干扭曲重，暗灰色。老皮呈片状剥离，脱皮后呈浅白色，多年生枝深灰色，具纵裂纹，比较粗糙，1年生枝浅灰色。叶片倒卵形或椭圆形，叶长6cm，叶宽2cm，叶平展，质地薄，浓绿色，叶尖锐尖，叶柄长0.3cm，向背面弯曲，正面有红色条纹，叶基近圆形。花红色、单瓣，萼筒短，青绿色，萼片开张至反卷。

该品种9月初果实成熟，不耐贮藏。

6. 玉石籽（图3-33）

来源和分布：系安徽蚌埠地方农家品种、主栽品种、优良品种，主要分布于蚌埠，国内其他石榴产区多已引种。

性状：果大皮薄，近圆球形，中型果，果型指数0.93，平均单果重240g，最大单果重380g。有明显的5棱，果皮青绿色，向阳面有红晕，并常有少量斑点，梗洼稍凸。心室8～12，籽粒特大，玉白色，近核处常有放射状红晕，汁多味甜并略具香味，种子软，品质上等，百粒重59.3g，核硬，可溶性固形物含量16.5%。果实9月上旬成熟。

该品种适应性弱，肥水要求高，产量中等。早熟品种，品质佳，不耐贮藏，应适时采收。

7. 红玛瑙（图3-34）

来源与分布：系山东枣庄地方农家品种、优良品种，主要分布于枣庄。

性状：大型果，果皮黄绿色，平均单果重472g。百粒重58g，籽粒粉红色，味甜多汁，可溶性固形物含量15%。该品种树体较小，树姿开张，萌芽力强，成枝力弱。

因枝条瘦弱细长，新梢鲜红色，萌芽后能保持1个月左右，较其他石榴盆景尤具观赏性，是石榴盆景中比较稀少的观芽、观叶品种。

图3-33 玉石籽

图3-34 红玛瑙

8. 秋艳（图3-35）

来源和分布： 系山东省林业科学研究院、枣庄市石榴研究中心选育的优良品种。2013年通过山东省林木品种审定委员会审定，2015年通过国家林木品种审定委员会审定。分布于山东枣庄，国内其他石榴产地多已引种。

图3-35 秋艳

性状： 中型果，果实近圆形，果型指数0.9。果面光洁，无锈斑，果实底色为黄色，表面着鲜嫩红色。果皮薄，平均3.0mm，果实棱肋明显，果萼开张，萼裂5～7个。平均单果重325g，籽粒特大，平均百粒重76g，最大百粒重90.6g。籽粒呈粉红色，透明，具放射状"针芒"，可溶性固形物含量16.8%，汁多味甜，品质极佳。在山东枣庄地区，3月底萌芽，5月下旬至6月初进入盛花期，10月中下旬为果实成熟期。

该品种为晚熟品种，丰产、稳产，籽粒大，汁多味甜，品质极优，裂果率极低，耐贮藏。

四、乔本观赏类

乔本观赏类品种，植株等于或者略小于普通石榴，如'复瓣玛瑙石榴''复瓣粉红花石榴',花色、花型非常优异,观赏价值极高,有些雌蕊退化不结果,有些可正常结果,果实可食。

1. 单瓣粉红花石榴(图3-36)

来源及分布:又名'粉红看石榴'。系山东枣庄地方农家品种,主要分布于枣庄。目前已发现青皮酸、白皮酸、青皮甜、白皮甜4个品种。

性状:粉红白皮酸石榴为小型果,果皮白色,稍带黄色,单果重160g左右。籽粒白色至粉红色,味特酸,单果籽粒530枚左右,百粒重18g,可溶性固形物含量13.9%。果实成熟期8月下旬至9月上旬。粉红白皮甜石榴为小型果,果皮白色,稍带黄色,单果重160g左右。籽粒白色至粉红色,味甜,单果籽粒530枚左右,百粒重18g,可溶性固形物含量14%。果实成熟期8月下旬至9月上旬。

这类石榴品种的多年生枝干灰白色,1年生枝条青灰色,枝刺稀疏,枝条较细。叶片浅绿色,向正面纵卷,边缘波浪形,叶长5.8cm,叶宽1.8cm。花粉红色,单瓣,基数6枚,花期5月上旬至6月下旬。萼片半开张。

这类石榴为观赏、加工兼用品种,稀少珍贵,观赏价值较高。

2. 复瓣粉红花石榴(图3-37)

来源及分布:又名'粉红牡丹石榴''千层粉红石榴''千瓣粉红石榴''粉红双花石榴''粉红复瓣石榴'。系山东枣庄地方农家品种,主要分布于枣庄。现已发现白皮酸、青皮酸、白皮甜、青皮甜、白皮半口、青皮半口6个品种。

性状:这类石榴品种树型中等,圆头形,树姿半开张,生长势较强,枝条直立。其中,复瓣粉红白皮甜石榴,多年生枝灰白色,1年生枝条青灰色,枝条细、硬。叶片长披针形,浅绿色,叶长7cm,叶宽2cm,叶柄长0.3cm,叶缘有波浪,纵卷。花瓣粉红色,雌蕊退化或稍留痕迹,雄蕊瓣化,花瓣基数40~60枚,多者达220枚,花大、量多,5~6月开花。花萼肥厚,萼片开张至反卷。为中型果,果皮黄白色,平均

图3-36 单瓣粉红花石榴

图3-37 复瓣粉红花石榴

单果重340g,籽粒白色至粉红色,味甜,百粒重20g,可溶性固形物含量13.4%,果实8月下旬至9月上旬成熟。

这类石榴品种,均表现为花大、色艳、量多、花期长,是著名的观花、观果石榴品种,特别适合街道、庭院、公园、小区等栽培,抗根结线虫病能力较强。

3. 复瓣红花石榴(图3-38)

来源及分布:又名'红牡丹石榴''牡丹石榴''千瓣红石榴''重瓣红石榴''红双花石榴''千层花石榴''红看石榴'。系山东枣庄地方农家品种,主要分布于枣庄。目前已发现红皮酸、青皮酸、红皮甜、青皮甜、红皮半口、青皮半口6个品种。

性状:枝条直立,干性强,树冠不开张,多年生枝灰色至深灰色,较顺直、光滑,新梢浅灰色。叶片窄长,叶长7cm,叶宽1.8cm,呈长椭圆形至披针形,叶色浓绿,弱树稍淡,落叶较早。花大,直径6~10cm,花萼肥厚,花钟状,鲜红色,雌蕊退化消失或稍留痕迹,雄蕊退化成花瓣,花瓣重叠、量大,基数40~50枚,多者达220枚左右,花期5~6月。部分雌蕊发育完全,呈筒状,可受精坐果。复瓣红花青皮酸石榴果实扁球形,萼片开张至反卷,果皮较厚,黄绿色,具褐色斑点,阳面着红晕。籽粒汁多,味酸。9月初至9月底成熟。

这类品种表现为花大、色艳、量多、花期长,抗根结线虫病能力较强,是著名的观花、观果石榴品种,特别适合街道、庭院、公园、小区等栽培,亦可以作为鲜食、加工品种的砧木。

4. 单瓣玛瑙石榴(图3-39)

来源及分布:又名'彩石榴'。系山东枣庄地方农家品种,主要分布于枣庄。目前仅发现1个品种。

性状:该品种叶长6cm,叶宽1.8cm。花红色,有黄白色条纹,单瓣,5~7枚,多数6枚。花期5~6月,结实多。

图3-38 复瓣红花石榴

图3-39 单瓣玛瑙石榴

该品种是著名的观花、观果品种,极为罕见,极富观赏价值。可栽植于庭院、街道、公园、小区等地,用于绿化观赏。

5. 复瓣玛瑙石榴(图3-40)

来源及分布:又名'彩石榴''千瓣彩色石榴''千层彩石榴'。系山东枣庄地方农家品种,主要分布于枣庄。目前仅发现1个品种。

性状:树体高大,干性较弱。多年生枝灰白色,1年生枝浅灰色。叶片长椭圆形,叶长6.2cm,叶宽2.8cm,叶尖钝尖,叶色浓绿。花红色,有黄白色条纹,雌蕊退化或稍留痕迹,雄蕊瓣化,花瓣基数40~60枚,复叠,多者达220枚,花大、量多,花萼肥厚,5~10月开花。

该品种极富观赏价值,是著名的观花品种,暂未见果实,栽培数量极少。可广泛栽植于庭院、街道、公园、小区等地,用于绿化观赏。

6. 复瓣白花甜石榴(图3-41)

来源及分布:又名'白牡丹石榴''千瓣白石榴''千层白花石榴''白看石榴''白双花石榴'。系山东枣庄地方农家品种,主要分布于枣庄。

性状:树体略小于普通石榴,树冠开张,干性弱,萌芽力强,成枝力弱,枝条水平至下垂,多年生枝灰白色,较顺直,1年生枝浅灰色,稀疏。叶片长椭圆形至披针形,叶长6.8cm,叶宽1.8cm,叶色深绿,叶面比较平整。花白色,清洁淡雅,钟状,雌蕊退化消失或稍留痕迹,雄蕊退化成花瓣,使花瓣重叠量大,基数40~50枚,多者达220枚左右,花大,花萼肥厚,5~6月开花,部分雌蕊发育完全,呈筒状,萼平开张,可受精坐果。抗根结线虫病能力较强。

该品种花大、色美、量多、花期长,栽培数量较少,极富观赏价值,是著名的观花、观果品种。适合庭院、街道、公园、小区等栽培,亦可以作为鲜食、加工品种的砧木。

图3-40 复瓣玛瑙石榴

图3-41 复瓣白花甜石榴

五、微型观赏类（看石榴类）

微型观赏类品种，极为适于园林绿化和盆景制作，其生长缓慢，植株矮小，花小、果小、冠小。花、果是主要观赏部位，花有红色、粉红色、白色等，有单瓣、复瓣；果皮颜色为红色、黑色、紫色等，特别丰产，果实多不宜食用，但宜观赏；挂果期长于果石榴，有的经冬不落。

1.宫灯石榴（图3-42）

来源及分布：系山东枣庄地方农家品种、优良品种，主要分布于枣庄，国内其他石榴产区多有引种。

性状：小型或微型果，果小，大小均匀，果皮红色，呈长圆形或扁圆形，果柄处有一凸起物，如同宫灯的"把儿"，形如灯笼，故名'宫灯石榴'。平均单果重70g左右，味酸。系普通石榴的矮生变种，多年生枝灰白色，1年生枝灰绿色，枝细密而软，顶端多呈针刺状。叶狭小，椭圆状披针形，长1～3cm，宽0.4～0.6cm，在长枝上对生，短枝上簇生，叶色浓绿，有油亮光泽。花红色，单瓣，花小，顶生，单生。

该品种是著名的观果品种，极为罕见，极富观赏价值，是制作盆景、盆栽的优良树种。

2.小紫玉（图3-43）

来源及分布：系山东枣庄地方农家品种、优良品种，主要分布于枣庄。

性状：微型果，果小，果皮呈靓丽的紫红色，单果重30g左右，味酸。该品种花果众多，系普通石榴的矮生变种，树高60～100cm，多年生枝灰白色，1年生枝灰绿色，枝条密集、细弱，嫩茎红色。叶色深绿，狭长，长1.5cm，宽0.5cm，长椭圆形至披针形。花红色，单瓣，花小，钟状或筒状，顶生，单生，每年开花4～5次，坐果2～3次。

图3-42 宫灯石榴

图3-43 小紫玉

该品种是著名的观花、观果品种，极为罕见，极富观赏价值，对修剪反应不敏感，管理较为容易，是制作盆景、盆栽的优良树种。

3.青皮月季石榴（图3-44）

来源及分布：又名'月季石榴''四季石榴''火石榴''月月石榴''看石榴'。系山东枣庄地方农家品种，主要分布于枣庄。

性状：微型果，果小如核桃大小，果皮红色，单果重50g左右，每果有籽粒160～180粒，籽粒粉红至红色，百粒重16～18g，味特酸，可溶性固形物含量12%～14%。该品种系普通石榴的矮生变种，树高60～100cm，多年生枝灰白色，1年生枝灰绿色，枝条密、细弱，嫩茎红色。单叶对生或簇生，叶色深绿，狭长，长2cm，宽0.5cm，长椭圆形至披针形。花红色，单瓣，花小，钟状或筒状，顶生，单生，每年开花4～5次，坐果2～3次。萼筒、萼片青绿色，萼片开张至反卷。

该品种是著名的观花、观果品种，是制作盆景、盆栽的优良树种。

4.墨石榴（图3-45）

来源及分布：系山东枣庄地方农家品种，主要分布于枣庄。

性状：微型果，为圆球形，果实小，直径3～5cm，平均单果重30g，果皮及籽粒紫黑色，特酸。小灌木，高0.3～0.8m，树冠开张。新梢、嫩枝呈鲜红色，木质化后为紫褐色，2年以上生枝呈褐色。叶狭小，披针形，幼叶紫红色，成熟叶浓绿色，叶

图3-44 青皮月季石榴

图3-45 墨石榴

柄紫红色。花单生于枝顶，红色，单瓣，花萼紫红色。3月下旬新芽萌动，抽生叶片，花期在5月上旬至9月下旬，成熟果期在7月上旬至10月上旬，花果同期。

该品种根系发达，萌生力强，不抗裂果。根部可形成疙瘩，果皮紫黑色，是极为稀有的珍贵品种，是制作盆景、盆栽的优良树种。

5. 复瓣红花月季石榴（图3-46）

来源及分布：又名'月月石榴''双花石榴''花石榴''看石榴'。系山东枣庄地方农家品种，主要分布于枣庄。目前仅发现1个品种。

性状：该品种多盆栽，可作绿篱，是普通石榴的矮生、复瓣变种。小灌木，树高0.8～1.3m。多年生枝灰白色，1年生枝灰绿色，枝密细弱、直立，嫩茎红色。单叶对生或簇生，长椭圆形至披针形，叶长4cm，叶宽0.6cm，叶色浅绿。花朵较小、钟状，雌、雄蕊皆退化，雄蕊退化成花瓣，使花瓣重叠，多者达220余枚，花多顶生、单生，每年开花3～5次，每次开花，花朵布满整个树冠，颇为壮观。

该品种暂未见果实，极为罕见，极富观赏价值，是著名的观花石榴品种。

图3-46　复瓣红花月季石榴

第四章

石榴盆景树桩的来源

随着石榴盆景事业的迅速发展，市场对其素材（包括桩材和苗木）的需要量越来越大，单一靠石榴树桩的利用已经不能满足生产的需要，因此石榴盆景的商品化生产，必须建立在石榴苗木培育的基础上，才能实现批量生产。所以石榴苗木的繁育，在今后相当时期内是石榴盆景制作的基本技术之一。

树桩是石榴盆景最主要的组成部分，其主要来源有野外挖掘和市场购买。果品生产中的废弃树，如因工程建设需要更新的树、利用价值不大的加密树、生产上的淘汰树以及受冻害树等，都是制作石榴盆景的好材料。苗木是石榴盆景常用的造型材料，主要繁殖方法有播种、扦插、嫁接、分株、压条、组织培养等；第一种为有性繁殖方法，后五种为无性繁殖方法。

第一节　野外挖掘

石榴树桩直接采挖后进行盆景造型，能缩短成型周期，并能获得人工难以培育的大树、老桩。故野外采桩一直是传统盆景素材的主要来源，但笔者不提倡擅自采挖野生树桩、树兜、树根，本书中涉及的相关内容只是盆景发展阶段的客观描述，并呼吁大家不要有违法采挖野生树木的行为。

石榴树桩经过大自然的雕凿，千姿百态，具有较高的自然美。采挖时间，北方以深秋落叶后至封冻前、春季2月上旬至4月上旬为最佳，即休眠期采挖为宜。南方以深秋落叶后至春季萌芽前均可进行。挖掘时，尽可能考虑锯留树干、主枝的长短，把与造型无关的枝条除去，一般留下10cm左右的枝杈。尽可能不要伤及树皮和保留较多的侧根和须根。如果可以带土球、全冠移植，仅外围疏除一些枝条，移植时间则在花期之前均可。

短途运输，可直接用塑料袋或布包裹树桩；长途运送，裸根则必须将树桩根部打上泥浆，用草包、蒲包或稻草包装上车，并加以覆盖，避免风吹日晒。中途还要经常向桩头淋透水，使其保持湿润，提高成活率。

第二节　市场购买

购买桩材要注意时间，最好在春天尚未萌芽之际（图4-1）。

在挑选树桩时应注意4个方面，一是根部呈辐射状、新鲜，侧根、须根要多；二是树桩古朴、健壮、无病虫害；三是树干从茎部到顶梢由粗到细，过渡得体；四是树干分布均匀。注意购买树桩时不买死桩，桩材必须新鲜，新鲜的桩材锯口断枝截面新鲜、无干裂，划破的表皮呈绿色，拿在手里有沉重感。检查根系是否脱水，可剥开一点根皮察看，变质发黑者已坏死，栽活无望。

图4-1　市场采购桩材

第三节　人工繁殖

随着石榴盆景艺术的不断发展，爱好石榴盆景的人越来越多。然而，野生石榴树桩资源稀少，尤其在保护自然生态、保护自然资源呼声甚高的今天，人工繁殖小苗育桩，已经成为石榴盆景的主要来源。用科学的方法，创建石榴盆景苗圃，才是石榴盆景发展应走之路。在制作石榴盆景时，主要采用幼枝扦插、老干扦插、老枝树上套土袋等方法繁殖苗木。播种，近几年主要用于培养"童子功"等小型、微型石榴盆景，发展较快。嫁接主要应用于改良品种。

一、幼枝扦插繁殖

幼枝扦插是石榴的主要繁殖方法。在制作盆景、盆栽时，采用幼枝扦插繁殖，有利于按照制作者的意愿，从小开始定向培育造型。一般采用对苗木进行多次、多年的重短截的方法，使之再生新枝，经过多年养成树冠后，即可造型。

1.苗圃地选择

选择排水良好、有水浇条件、土层深厚肥沃的砂壤土。入冬前撒施基肥，深刨20cm以上。扦插前再深刨一遍，耙细整平做成畦。

2. 母树和插穗的选择

以选定品种的母树中，在发育健壮、无病虫害、丰产性能好的树上采取插穗，选择灰白色的1~2年生枝为好。枝条发育充实且不老化，易成活，长势旺。枝条的刺针愈多愈好，刺枝多，发根多，成活率高。

3. 种条采集与贮藏

剪取芽眼饱满、无伤、生长健壮的枝条（图4-2），可随采随插，也可以进行冬藏。种条采集后，若当时不插，在贮藏前要剪成长60~80cm的枝段，捆成捆，并系好标签，标明品种名称，然后进行贮藏。目前生产上多采用沟藏法，选择地势较高的背阴处开沟，沟深一般为0.5m左右，宽1~1.5m。先在底铺10~15cm的湿沙（土），然后将种条平放于沟中，并盖5~7cm厚的湿沙（土），将种条空隙填满，以保持湿度。上面再放一层种条，再盖一层沙（土），至与地面相平为止。上面再覆盖15cm的沙（土），然后培成脊背形，以利排水。在贮藏期间，要加强管理，定期检查，掌握好贮藏期的温度和湿度。一般温度以-2~2℃为好，不要高于6℃或低于-8℃。沙（土）的湿度以不黏为宜。

图4-2 采集种条

4. 扦插时间

扦插一年四季均可进行，但以春季扦插较易成活。山东枣庄地区春季扦插常在3月中旬至4月上旬进行。

5. 扦插方法

取出种条，剪成每段长12cm左右的插条，上端离节1.5cm处平剪，下端距节1cm处斜剪。插条剪好后，捆成捆，下端码齐，随即浸在清水中24小时，扦插前用生根粉溶液浸泡插条基部2~3cm处4~5小时，可显著提高其成活率，改善生长状况。一般采用平畦插，一般畦宽1m，浇透水、覆膜，株行距10~20cm×30cm，插条斜插于土中，上端略高于地面（图4-3）。

图4-3 扦插

6. 管理抚育

苗高3~5cm时，抹去基部芽，保留一侧壮芽；苗高15cm以后，加肥水管理，每亩施尿素10~15kg，施后浇水。7月下旬再追一次肥，并注意中耕除草，防治病虫害。以后要适当控水，以免秋季旺长，对越冬不利。

二、老干扦插繁殖

实践证明，选形状好的石榴枝、干进行扦插是制作石榴盆景快捷而有效的方法。采用幼枝扦插繁殖培育石榴盆景，虽然插穗来源广，繁殖容易，繁殖量大，但需时间太长，一般需5年以上才能成型。而用老干扦插繁殖，只需2~3年即可成型。山东枣庄就有利用老干扦插技术，使一株石榴大树变身为几盆、十几盆、几十盆盆景的事例。

1. 扦插老干的处理

石榴树休眠季节修剪去掉的老枝、老干等均可扦插，选择适宜粗度、有一定弯曲度的老枝，截长40~50cm，上端剪留1~2个枝头（图4-4）。截取后及时埋入湿沙或湿土保湿贮存，埋土贮存要选择不积水的砂壤土，埋入深度是10~20cm，单层并排摆放，埋入湿沙可以多层堆放。埋入后及时喷水，贮存期间及时检查，保持一定湿度，沙堆贮存的湿度是手握成团，松开即散；埋土贮藏的湿度是要保持接触老枝的土手握成团。

图4-4 扦插老干的处理

2. 整地

插前先行整地，先在地面撒施腐熟有机肥、辛硫磷和硫酸亚铁，每亩施有机肥2000~3000kg、辛硫磷颗粒剂2~2.5kg、硫酸亚铁5~6kg，然后耕翻耙平，耕翻深

30cm以上。耕翻后打畦，畦面宽1m，畦埂宽30cm。

3.扦插方法

3月中下旬，取出保湿贮存的老枝，将下端15～20cm放入0.01%浓度的生根粉中浸泡8～12小时，然后扦插。扦插时斜插，角度与地面成30°～45°，深度为土埋老枝的1/2～2/3，株行距为20cm×30cm，插后先对地上部老枝喷3～5波美度石硫合剂，然后灌水，灌水要一次性灌透（图4-5）。

图4-5 老干扦插

4.拱棚搭建与管理

拱棚骨架可以用镀锌钢管、竹竿等，棚膜选用10丝无滴膜，四周用土压实，以保持棚内湿度。盖棚后往往棚内温度过高，要采取上盖遮阳网，下面棚膜喷水的方法保持棚内气温最高不超过35℃，最低不低于10℃。扦插后20天内，严禁放风。新芽萌发15～20cm时，逐渐放风，放风口逐渐增大，7～10天完全放开。待新梢长30cm以后，揭开薄膜。新梢长40～50cm以后，揭掉遮阳网。开始放风以后就要注意浇水，保证土壤见干见湿。

5.萌发新梢管理

扦插20天后老枝上部发出很多萌芽，要选留位置、方位合适的，抹掉多余的萌芽。待留作主枝和侧枝的新梢长到50cm时，对枝头进行摘心，促发分枝。8月底至9月初对扦插成活的老枝用铁锹在其周围进行断根处理，促发毛细根。冬前浇1次水，浇水2～3天后，拱棚上再覆盖塑料薄膜。

一株石榴大树变身几十株桩材的实践

传统的古桩石榴盆景制作，采掘石榴大树，去掉大枝、大根后上盆慢慢培养。这种方法一是破坏古树资源，二是适于作古桩的石榴大树数量少，形不成规模。石榴小枝扦插极易成活，但栽培周期长，而老干扦插虽有一定的难度，但成型快，且能充分利用来之不易的资源。通过老干扦插（或老干嫁接）技术，可以使一株石榴大树变身为几盆、十几盆、几十盆盆景。

在石榴大树主干适宜的部位短截，然后连根带干栽在精心配好的土壤中，育桩养桩，经过一两年的"休养生息"，衰老的树桩就会"焕发青春"，变得生机勃勃，经蟠扎造型后，再精心抚育和精细雕琢几年，就变成一盆上好的石榴盆景。

锯下的其他主干、主枝、侧枝，不论多粗，再短截成几十厘米长的一段，扦插到砂质壤土中，精心呵护，大多能够萌芽生根，用不了几年也成了一盆盆盆景。

其余没有利用价值的枝干，就加工成笔筒、笔架、艺术摆件、装饰挂件、茶垫等工艺品。再剩下的枝丫边材和下脚料，就做了薪材。

这样下来，一棵衰老的石榴树，在峄城人灵巧的手里，激发出全部的能量，"凤凰涅槃"般重生，变身为几盆、十几盆、数十盆盆景和若干数量的工艺品，不仅没有丝毫的资源浪费，还会增值几倍、十几倍，甚至上百倍。

（实践人：张忠涛）

三、大树空中压枝繁殖

石榴枝干生根能力较强，在大树上选择造型优良的结果枝组，在枝组主干基部套土袋使其生根，可避免嫁接不成活的风险。

具体方法：在选中的枝组基部需生根的部位进行环剥、刻伤，然后用厚塑料薄膜，制成一侧开口的容器，套在枝组基部，装入湿土，上下两端及中间部位用绳系牢，要保持塑料容器中土壤湿润。待生根后，自塑料薄膜容器下端剪断，与母树分离，取下塑料容器，栽入盆中即可。此法成型快、成本低，值得推广应用。

四、实生播种繁殖

通过种子繁殖所得的苗木称为实生苗。实生苗明显不同于无性繁殖苗，具有可塑性强、发育阶段早、遗传变异度大、有利于引种驯化和定向培育创造新品种、寿命长等特点。所以，一般只用于新品种的培育和微型观赏石榴的繁殖。而近年来，播种繁殖有利于小型、微型石榴盆景的发展，市场销售较好，目前发展较快。

1. 取种

选择充分成熟的果实剖皮取籽，去除假种皮（果肉），取出种子，然后将选取的种子放在通风阴凉处进行阴干（图4-6）。将洗净阴干后的种子装布袋低温贮藏，也可将种子与河沙按1∶5的比例混合后低温贮藏。

2. 播种时间

春季、秋季均可，但早春和秋季育苗要在温室内进行。无论是露地育苗还是温室内育苗，苗床温度一定要保持白

图4-6 晾干种子

天不高于25℃、夜间不低于18℃。

3. 土壤选择

选择土层深厚、质地疏松、蓄水保肥好的轻壤或砂壤土，平整土地，畦宽1.0m。或者选择育苗穴盘、容器袋等，配合基质育苗。

4. 播种

将种子浸泡在40℃的温水中6～8小时，待种皮膨胀后再播，按25cm的行距播种在培养土中，覆1～1.5cm厚的土，上面覆草，浇一次透水，以后保持土壤湿润，经过1个月左右，便可发出新芽和新根（图4-7）。

图4-7 种子实生穴盘播种

利用小苗培养"童子功"石榴盆景的实践

石榴作为小众果树，资源相对稀缺，用小苗培育盆景，生长迅速，长势健壮，市场行情好。如管理好、方法到位，十几年亦可长出大树桩（图4-8至图4-10）。

图4-8 地养"童子功"

图4-9 盆养"童子功"

图4-10 "童子功"盆景展示

用石榴小苗育盆景，一般选用果皮颜色鲜艳的'大红袍''小红袍'及相对稀缺的新品种，如'宫灯石榴''黑金刚''紫玉''红看石榴''墨看石榴''榴缘白''秋艳'等。选用1年生小苗，一般粗0.6cm左右，用麻绳或铝丝整形。要求不高时，用麻绳拉几个弯，一般3个月不会腐烂，可随生长定型，且不需松绑。用铝丝整形方便易到位，一般春季整形，秋冬季解去，并及时去除无用的根蘖芽，让需要生长的枝条生长，一年需多次检查修剪。随生长情况，可根据年限对达到要求的枝条短截，对不恰当的枝条再次牵拉到位。并灵活运用肥料调控生长速度，及运用部分"牺牲枝"以利于桩材长粗，达到过渡理想目标后，可对桩材短截，长出二级、三级小枝再上盆，这样可缩短培育时间。

（实践人：张忠涛、张永）

五、嫁接改良品种

嫁接技术一般应用于老品种的改良更新，借助砧木的优势促使接穗品种提前结果，或者稀有资源的快繁保存。石榴盆景嫁接，一般以枝接和芽接为主。

1.枝接法

以劈接的方式为主，山东枣庄地区以3月中旬至4月中旬进行，步骤如下。

削接穗：将接穗剪成长4～5cm、带1～2对饱满芽的接穗段，上端在芽上0.5cm处平剪。削接穗前宜将接穗段浸入清水中保湿，也可用清水浸泡过夜，让接穗充分吸水。从芽侧下方0.5cm处用专用削刀将接穗削成长2.5～3.5cm的光滑斜面，或削成一边厚一边稍薄的斜面，削好的接穗立即使用或置于清水中待用（图4-11）。

劈砧木：从砧木剪截面中心向下劈一道比接穗削面略长的垂直劈口，一般长3～4cm。应避开剪口下方芽点，保证劈口顺直。用刀背将劈口撬开，把接穗稍厚的一侧朝外插入劈口，保证接穗和砧木形成层至少一边对齐，削面露白0.3～0.5cm。

捆绑接口：宜采用0.004～0.006mm的薄膜将接穗和嫁接口完全包严，并在砧木剪口下1cm左右处缠紧。接穗芽点应包裹一层薄膜。捆绑过程中应保证接穗与砧木的形成层对齐不错位（图4-12）。

检查成活率：嫁接后20天左右检查成活率，及时抹除砧木上所有萌芽。不要人为地解除薄膜，使接穗萌芽后芽眼自动"破膜"（图4-13）。一般在6～7月及时除膜，防止薄膜勒入树皮，解除膜时用刀避开嫁接口划断薄膜清除干净。

2.芽接法

即以芽为接穗的嫁接方法。山东枣庄地区一般在夏季皮层容易剥离时进行，常用"T"形芽接。

削芽片：选充实健壮的发育枝上的饱满芽作为接芽，去除叶片，保留叶柄。先在芽的上方0.5cm左右处横切一刀，深达木质部，然后在芽的下方1～2cm处下

图4-11　削接穗　　　　　图4-12　嫁接后的状态

图4-13　嫁接成活

刀，略倾斜向上推削到横切口，用手捏住芽的两侧，左右轻摇掰下芽片。芽片长度为1.5～2.5cm，宽0.6～0.8cm，呈盾形。不带木质部，当不易离皮时也可带木质部。

切砧木：砧木上选择光滑的部位作为芽接处，用刀切一"T"字形切口，深达木质部。横切口应略宽于芽片宽度，约1cm，纵切口在横切口中间向下切，约3cm。

接芽和绑缚：用刀轻撬纵切口，将芽片顺"T"字形切口插入，芽片的上边对齐砧木横切口，然后用塑料条等绑紧，但要求叶柄及芽眼要露出。

检查成活率：芽接一般7～14天后检查成活率，成活者的叶柄一触即掉，芽片与砧木之间长出愈合组织，芽片新鲜，接芽萌动或抽梢，可在检查的同时除去绑扎物，以免影响生长。

嫁接改良品种的实践

嫁接是植物无性繁殖的一种主要方法。剪取母株上的一段枝条或一个芽，接到另一植株上，使之结合成新的植株。在人们的生活生产实践中，嫁接对品种的改良、新品种的获得、保持品种的优良特性、克服有些种类不易繁殖的困难、抗病免疫、预防虫害、果树矮化乔化、提升产量和品质、提高经济价值和观赏水平等都有着十分重要的意义。盆景嫁接除了具有上述所说的意义外，它也是一种造型的方法与手段。

石榴盆景有的品种不理想，如果实外观颜色不鲜艳、品种口感不好、坐果率低，如想换上比较新奇的品种，就需用嫁接技术了。通过枝接、芽接等可使原来的青皮换红袍（大、中、小红袍），口感差的换上'大马牙'或新品种'秋艳'（超大籽），换上牡丹花及玛瑙石榴，换上花期长、挂果多的"小果石榴"（红花、黄花、白花），也可在一棵树上接上不同品种、不同花色，以提高品质，延长花期、挂果期，使观赏效果更好（图4-14）。

盆景嫁接可分为造型前和造型后嫁接。常用的嫁接方法有靠接法、切接法、腹接法、插接法、芽接法等。嫁接时间，春、夏、秋均可进行。要提前采好接穗埋入湿沙中，视砧木情况适时嫁接。嫁接10天左右芽头多数可慢慢长出来。要及时去除嫁接口

图4-14　嫁接改'紫玉'良种（左为张忠涛作品，右为张新友作品）

下的萌发芽，防止营养分散，影响成活。此时浇水要相应减少，不可太湿，防止上部芽少，吸收弱，引起烂根甚至死亡。

盆景制作中，有的部位缺枝，可用靠接法补枝。补枝前，提前预留一些枝条，靠接到所需的位置上。如无可用预留枝，可找来其他小苗，小苗带盆放于盆中，或同穴种在需嫁接的盆中。靠接法可嫁接粗度5～6cm的枝条，只要靠接的部位有活的皮层都可行。用凿子、电锯开一合适凹槽，长宽应考虑造型及角度。靠接枝条一般3～10cm，把枝条两侧或一侧削去部分皮层及木质部，让凹槽形成层同枝条形成层对齐，再用小钉固定，50%的部位对齐就可成活。靠接部位可加一点愈合剂，对保湿愈合有利。接口用嫁接带或黑胶布裹扎，约1个月就可成活。如不妨碍观赏，下部枝条不剪，让其充分生长愈合后，再逐步去掉。

接根法同靠接枝条法类似，大的树枝扦插培育盆景不易活或活不好时，可在树枝下部插皮接或靠接小树，让其成活，这样可节省桩材，提高树桩利用率。

当石榴盆景太老或活的皮层太少时，可通过枝条靠接补充皮层、串联皮层，达到增加皮层水线数量与宽度的效果，让皮层水线相互联通，均衡营养。等生长一段时间，让枝条粗度充满凹槽，再通过击打、刮皮等方法把皮层水线做老，增加肌理变化，提高观赏性，使其更具韵味与生命力（图4-15）。当根系太差或有缺失时，可通过嫁接法进行补根，用插皮接或靠接法都可。

（实践人：张忠涛、张新友）

图4-15　靠接小树

第五章 石榴盆景的育桩技术

育桩，是从事盆景创作的一种基本功。桩材，也就是人们常说的制作树木盆景的桩头，它是盆景艺术作品外观形象的骨架。石榴盆景的育桩技术主要有打桩、改桩和定植保活三个环节。

第一节　打桩技术

新桩栽植前要先打桩，即在仔细审视根须以上的方方面面后，再精心勾勒一个意象图。其任务是"三定"，即定型、定势、定面（图5-1）。

图5-1　定型、定势、定面

一、定型

定型就是初步确定树桩的外观形象。其基本步骤：先定干数（确定留几干），再定树顶（蓄留干由何处培育新树尾），最后定截位。对于多干树而言，应遵循"先大后小、先主后次"的顺序确定。

在树桩定型时，要掌握好4个原则：

（1）合乎盆树美的原则。

（2）充分利用素材的原则。具体地说就是要"取多、取大"，取多，就是多取干、枝，但要避免拥挤；取大，就是取大干、大枝，但以成型树高度不超过1m为最好。

（3）快速成型的原则。节（树干上两分枝间为一节）取多，顶（树干顶部）取小，尽可能快速成型。

（4）注重特色的原则。即特型桩的定型应使其特色得到最佳的展现。

二、定势

定势就是定树桩的走势、动势。定势与定型关系甚密，有时定势决定了定型，有时定型决定了定势。调整树桩的栽植角度而使树桩的型发生根本变化时，定势与定型几乎是一回事。决定栽植角度和栽植高度的因素主要是根头状况，其次是干形与枝位。

从根头的因素考虑，定势的原则：

（1）尽显老态的原则。使树头尽量显得开张，以显老相。

（2）尽量让所有的展示根都能着土的原则。让四周的展示根基本处于同一水平面上，避免"吊根"和"翘根"现象。能展示盆树根盘之美、富有表现力、布局合理简洁。

干形的因素考虑，定势要注意：

（1）树顶"照蔸"。如直干、曲干树应使树顶垂线落于根头上(树顶梢前倾)。

（2）应利于展现干形。如当树干向后弯曲时，常会出现弯曲部上段"前冲"现象。为了减缓这种视觉上的不适感，宜将树干适当后仰栽植。

（3）应与树型风格相协调。以斜干树为例，矮壮型斜度不宜大，这样才能与其"稳健"的风格相符。而细长形斜度不妨大些，以显"飘逸"。

从枝位考虑，定势必须注重起桩枝（下起第一枝）的位置要符合盆树造型要求，不使起枝下方的空间显得压抑或显得过于空疏。

三、定面

定面就是确定树桩的最佳观赏面。定面不当，必使盆树的观赏效果大打折扣。

定面的要领如下：

（1）以树干弯曲左右摆幅最大的一面为最佳观赏面。

（2）以树头左右展幅最大的一面为最佳观赏面。

（3）以树头有坡脚的一面为最佳观赏面。

（4）以展示根较多、较粗的一面为最佳观赏面（可考虑有的根会在以后的蓄养中壮大成为展示根）。

（5）以树干肌理美的一面作为最佳观赏面。

（6）树干呈螺旋式上升时，应使树干先向后，再转面向前，即以螺旋弯的凹向为最佳观赏面。

用以上的各标准进行定面，常常难以统一，甚至相互矛盾，因此要通过综合判断才能确定出最佳观赏面。

第二节　改桩技术

改桩，即按打桩勾勒的意象图，对干、枝、根进行锯截、修剪等粗加工。人工繁殖的桩材经过养桩，达到需要的大小时，也需挖起进行改桩粗加工。在粗加工的全过程中，一切都应先成图于胸，按图施艺。

一、干的粗加工

较理想的石榴盆景树干，应具粗、矮、表面节多而苍老、走向曲折而自然、分枝较多而分布合理、虽有孔洞腐朽但无病虫危害、生长健旺的特征。在实际生产中不可能所有的桩材都十分理想，干的粗加工也应因材造型，不拘一格。尤其山野所采集的树桩，往往呈多干形态。加工时，应从其形态与基础的配合、上枝的分布以及培养方向等各方面综合考虑其去留，并确定观赏正面。也可考虑选择与第一主干配合较好的第二主干形成双干式、多干式以及其他形态。

干的高度应因材而异。须特别注意在干的中、上部采取以枝代干的方法，使保留的新干逐渐削细以便形成高大而自然的树木形态。粗、短、直、平的"桩"应尽量避免，不得已而留之，也应在成活后逐步加工利用。

总之，干的加工是以后造型的基础。自然生长的树桩千变万化，进行加工也不能有统一的模式，即使同一个树桩，往往也可产生多个加工方案，如何选优去劣、化平淡为神奇则是盆景艺术家技艺风格水平的体现。

桩材的截桩与锯口的处理实践

桩材的设计要主题鲜明，裁截到位、定托准确、精心管理，能有效缩短成型时间。在山野、果园内采集树桩时，应先观察桩材的发展方向，是适合搞大盆景、小盆景，还是全冠景观树等类型，应比想象的模框适当多留一段。看有什么特殊的缺点或长处，找出利弊，综合考虑，把最美的表现出来。原来的生长姿态不一定是后期栽植的角度，通过变化角度，再进行艺术加工，随时间变化，往往会变得更好、更协调。

调相对比

桩材源于自然，多以老树、大树、残树造型为主，而采集的桩头往往有不尽如人意的地方，如过渡不自然、枝干别扭呆板、分枝不合理、根系过长过深、根盘不平整等，须经过反复调相比对，才能确定最佳角度及观赏面。

通过调整树桩的栽植角度，使桩材的树形发生根本的变化。树桩由根、干、枝构成，从根盘考虑，应使根盘下大上小，过渡自然，根的分布均匀，抓地有力，有稳固之美。根在盆面上应基本处于一个水平面上，尽量避免"吊根"和"翘根"。如怕影响成活，根可先留长栽植，一两年后再整理、剪截，应因树造型，最大程度发挥原桩优点。

在确定最佳观赏面时，应考虑以下几个方面：树干肌理变化大；树干左右弯曲自然；树桩左右展幅最大一面，看上去协调自然；根布局合理，根系较为粗壮的一面，树桩根部有坡脚的一面；如斜干树，应内侧"撑"，外侧"拉"，显示根部力度；石榴树多逆时针旋转，应发挥此特色，选择根基稳、动态自然有力、分枝错落有致的一面。用以上标准确定观赏面，有时会自相矛盾，不尽如人意，应通过综合考虑选出最佳方案。还应遵循先成活、后造型理念与逐步改造的原则。

截桩

确定根盘走势、观赏面及高度之后，画线进行截桩。

（1）截根。应尽量保留较多的根系。粗根的截留长度，应考虑以后用盆大小及深浅等。

截根时，宁稍短，不宜过长，以免上盆麻烦。如根留得较长，第二次上盆时还需锯截，会造成第二次伤害，影响树的成型。如桩材过老，根盘外有较多毛细根，为考虑成活，应首先保留，等成活1~2年后再截根。

盆景要露根，根的加工要考虑以后上盆的形态，设计好上盆的栽植和土面水平角度，要均衡利弊，选取最佳方案。上层粗根不宜截太短，应使根截面向下斜截，看上去自然。细根容易发新根，而粗根内有大量有机营养，是萌芽、萌发新根的物质基础。伤残、撕裂、磨损、折断的根应截至健康处。较长且有毛细根的侧根，为提高成活率，可盘曲保留，有利于吸收水分。

（2）截干。加工时，应考虑栽植角度，分枝布局。回避观赏面前后锯口，尽量使锯口在一侧或背面，一般锯口斜截，看上去过渡自然，逐步缩小，锯口要高低错落，顿挫适中，不在一水平面上，避免一锯到底。对过于粗直且呆板的树干，可截高低不等的分叉，分叉之间不可太圆滑。这样在锯截的树杈之上生成错落有致的萌芽。当芽长到一定高度，进行定芽。待枝条生长几年后，树干的分叉处形成的枝条增粗后，原锯口逐步缩小，分叉处看上去是枝的一部分，破解了干的丑陋，增强了自然感。

干的高度因树而异，矮壮树应低矮，斜干树应飘逸，文人树应高挺，悬崖树应曲折变化。自然界的树干千姿百态，截桩时分枝应自然，分布合理。树桩下部枝条应充分利用。截口不可一平锯了事（留一圆形向上平锯口），这样太难看，不利于过渡。

锯口的处理

截干时，锯口应斜锯成马耳形、舌状楔形或自然分叉，没有变化的力求做出变化，没有分枝的做出分叉，预留出今后出枝参差不齐的效果。截根时，锯口应平滑，用电锯切后，再用利刀把外围皮层平滑削一圈，有利于生根。特别是桩好而根系欠佳的以及老桩更应该这样处理。树桩加工时不能统一模式，即便同一树桩，锯截的效果也不尽相同。应考虑优劣得失，发挥最大特点，化平淡为神奇，为今后制作打下良好的基础（图5-2至图5-9）。

图5-2　锯桩

图5-3　锯口处理

图5-4　锯口处理

图5-5　锯口处理

图5-6　锯口处理

图5-7　枯干截口撕劈

图5-8　冲洗桩材

图5-9　截根处理

（实践人：张忠涛）

二、根的粗加工

对根的粗加工，在按图施艺的同时，要尽量保留较多的根，不能剪成光头。因为细根上容易发生新根，而粗根内部贮存了大量的有机营养，是萌新芽、发新根的物质基础。采掘的石榴树桩根系往往粗根多、须根少，且劈裂、磨、折损伤较多。对此应适当短截，多保留，少疏除。伤残的根，应剪截至健壮部位。较长且较细的侧根，可尽量保留并做盘根处理。为利于生根成活，根系的剪口部位要保持平滑，除过细的根外，应全部剪一遍。

粗壮根的截留长度应视盆的大小而定，宁可稍短不可过长，以免将来装盆时困难。若选留过长，上盆时要再次截根，必伤及大量须根而大伤元气。

提根是盆景艺术的重要环节。因此，在根的初期加工过程中，必须注意到今后上盆提根后的形态。这就要求选好上层根系并设计上盆角度和水平线，而后检验设计上盆角度与整体形态是否配合，设计土平面所裸露的根系是否理想。如不满意，可重新设计，反复比较，仔细审定。确定后的上层粗根不宜剪截过短，截口宜向下倾斜，不宜向上倾斜，以免提根后根系伤口外露。

根系嫁接可起到提高成活率和促进根系造型的作用。在上层根系较弱、较少、较细或形态不理想时，可选一形态较好的新鲜根段，长度在20cm以上的进行嫁接补根。由于树桩较粗，可用皮下接（又叫插皮接）的方法，将根直接补在其上层分根处。在皮下接困难时，可将根的上部削成三角状，在补根处挖下同样的形状，将根插入，用麻筋绑扎（麻筋经数月后自行腐朽，无须解绑）。

三、枝的粗加工

野外采集的树桩基部很少有理想的分枝，所以桩基部的分枝是十分宝贵的，应尽可能在改造成盆景时予以利用。另外，分枝的枝龄一般都比较小，生命力强，有利于栽后的成活。根据整体造型需要，尽可能保留分枝级次，可使桩由粗渐细呈自然大树的姿态，从而加速整体的造型。

往往有些主枝的下部没有合适的分枝，加工时，只可在适当的部位锯截，其潜伏芽仍可发出一些新枝。对第一年发出的新枝，除过密的外，应多保留，以增加制造养分的叶面积，使树复壮。第二年以后，再根据造型需要有目的地选留培养，此后随之加粗和分枝增多逐渐造型。

较粗的高龄枝锯截后，要涂油或蜡保护好截口，以免水分大量散失而影响成活，也可以在截口上直接嫁接品种枝条。嫁接多用插皮接或切接的方法，接穗应选健壮的当年生枝条或2年生小枝组，以利成活后尽快恢复生长势。接穗成活后，由于顶端优势的作用，锯口以下部位的潜伏芽很少萌发成枝。在改桩过程中要特别注意，不要划破树桩表皮。所有截口，应用利刀或扁凿修饰平滑，不留痕迹。尤其是桩顶更不能一锯了事，留下一个圆形朝天口，应该依据预定萌点，把顶端修成舌状楔形。在行锯截、修剪过程中，切口宁小勿大，宁收勿放。还要注意，对锯（剪）截面要用2%的硫酸铜液或5波美度石硫合剂液进行杀菌消毒处理，使其不受污染感病。最后涂上桐油、铅油、接蜡等保护剂，防止失水或腐烂。

途中——石榴桩材"蓄枝截干"培育的实践

我很幸运，生长在一个石榴桩材特别丰富的地区——山东枣庄，而我所在的峄城区又是中国著名的石榴之乡，自汉代至今，已有2000多年历史。

石榴树春芽、夏花、秋果、冬枝四美兼具，且干身古朴、苍劲嶙峋、富于变化，20世纪90年代，遂被有心人由山野引入盆钵，成为案头与庭园的品赏之物。因其果硕花艳，寓多子多福、吉祥团圆之意，自问世之日起，便受到人们的喜爱与追捧，成为爱好者寄托志趣、社会各界馈赠亲朋、装点庭园的良选。因受父亲（本地盆景带头人之一）影响，再加自己一直对美术比较感兴趣，所以自2000年始投入盆景行业，收集了一些石榴桩材。

初入此域即对岭南盆景满怀好感，以为这才是盆景的正途，并决心效法。但由于本地盆景起步晚，周围没有任何可以借鉴的经验，再加上初学者特有的懵懂与朦胧，所以刚开始那几年，一直在门外徘徊，走了不少弯路——心里的向往并未化作行动。直到2007年，才将部分桩材下地，迈开了师法"岭南"的第一步。现在回想，这个"起始阶段"未免长了点，我将之归结为自己悟性差和决断力缺乏。好在，我将盆景视为一生的陪伴，所以对手中这些素材何时抵达终点，并不着急。

而且我信奉这样一个观点：心里有，眼里、手上才会有，造型是一种技术能力，更是一种认知水平——在自己各方面还未准备好的情况下，我宁愿它们长得慢些，再慢些。

这里，挑选两棵前后树照相对完整的素材与大家交流。

需要说明的是，这十多年来，我通过书籍与网络，查阅了大量资料和图片，其间数下岭南，辗转各地，亲睹大展，见识了太多的好桩材、好作品，跟它们相比，我很清楚这两棵素材的分量。之所以仍旧不揣浅陋，近乎献丑般呈在这里，主要是缘于以岭南技法培育"石榴"树种，在长江以北尤其鲁南地区，尚不多见，而且在创作实践上，我也很少与外界交流，面对它们的现状，不免略怀忐忑：如此这般，可否？

正是基于这种考虑，才把它们拿出来就教于方家，以期获得指正。

素材一：

图5-10：这棵素材是2001年春在桩材市场以65元的价格买下的。此桩树龄逾百年，干身中空，四周健朗，修截到位后，由根基至树顶，呈金字塔状，枝条萌发较为理想。从照片可以看出，由于缺乏养护经验，虽然5年过去了，枝条依然纤弱。

图5-11：2007年春，寻得一方空地，将其植入放养。此举与2006年10月赴广东

陈村观看首届中国盆景收藏家藏品展有直接关系,那次展会给我的冲击最大,印象也最深。

图5-12、图5-13:转眼两年过去,由于常去"岭南盆景论坛",那里众多培育中的树照给我以极大启发,于是邯郸学步:常疏内膛保持通透,延展外枝任其疯长,适时供应水肥,遂使树势健旺,桩体渐趋圆润。

图5-14:上图拍后不久,场地因故迁移(其时根系已得铺展,正值生长黄金时期),不得已,将放养的桩材全部上盆。这是在盆中一年后的树照,由于生长受阻,枝托几无增粗。好在不久即得朋友助力,在别处另觅一块场地,将其迁入继续放养。

图5-15、图5-16:地养两年后,"第一级枝"蓄养基本到位,2014年春进行截干。这时桩体与十多年前相较,由枯瘦而为丰隆,犹如人至中年后的发福,我与盆友戏称地养给桩体增加了"肌肉"——无论体量还是健康程度,都胜往昔。

图5-10 2005年秋树相

图5-11 2007年春树相

图5-12 2009年夏树相

图5-13 2010年春树相

图5-14 2011年春上盆1年后的树相

图5-15 2014年春树相(最佳观赏面)

图5-16 2014年春树相(背面)

素材二:

图5-17:此桩购买价格不足40元,2003年春在桩农家寻得。它干身平滑、圆顺,呈筒状,就肌理而言,无甚看点,好在其势若奔,有跃马横戈、直纵驰掠之意,颇具动感,为凸显此点,我将其部分悬空,作临水式。

图5-18：2007年在自家院中用砖接地筑盆，将其植入，因通风条件不如郊外，故长势一般。桩体上部三条枝干，若共同结顶则显杂乱，且左干僵直，若取右侧两干又嫌太细，不足支撑引领，取舍之间颇为踌躇，索性继续蓄养观察，待日后处理。

图5-19、图5-20：2012年春迁入新场地，第一年因重新栽植生长放缓，第二年树势恢复，转入正常，2013年春将左干去除，同时截短右前干以作辅枝。又一年，截口逐渐愈合，右上干明显增粗，至此，该桩主体骨架方才明朗，且干身"肌肉"增加，与11年前相较，不仅体量变大，而且更显遒劲与沧桑。

图5-17　2005年秋树相

图5-18　2011年春树相

图5-19　2014年春树相（最佳观赏面）

图5-20　2014年春树相（背面）

在岭南地区或专家手里，五六年即可走完的路程，我却用了整整13年，以上图片忠实记录了我的驽钝。其实至此，只走完了造型之路的一半，或者一半还不到，不过有以上"经验"作底，往下的行走，应可稍快一点。但对我来说，更艰巨的任务恰在后面。我曾说过，桩材好坏，对树木盆景创作来说至关重要，"桩材遴选之于盆艺创作，犹如文字之于诗，砖石之于建筑，无论怎样强调，都不算过分。"——以上两桩，严格说来，各有问题和不足，图片呈现得愈发清晰。可我同时还认为，比桩材更重要的，是作者对它的把握和塑造，即"树的可能性"取决于"人的可能性"，最终起作用的是作者这个人。此"人"既可点石成金，亦可将璞玉琢成凡品——眼见那么多好桩材被弄得样态平平，失去光彩，同时又发现一些普通材质破茧成蝶，风姿绰约，成为范本……巨大的反差之间，那个盆艺之"道"，既难追寻，又分明彰显，隐隐然明晃晃，矗立在我面前，成为我的一桩心事。

跟多数爱好者不太一样的是：在我心底，并不期望它们快速抵达终点，而是更愿意沉下心来慢慢学习，细细咀嚼，以自己的节律，走完盆艺之途的所有里程。

这是我的拙笨使然，也是我的运命。

翻看照片时，有那么一刻，我似乎看见原本虚无的光阴忽而实在起来——一根枝条，几段树身，有如人的身材与面容，在岁月更迭中，渐次嬗变，那个摸不着看不见的"时间"，就在这变化中闪身现形，历历如是了。这其中，既见树的姿影，亦现守望历程……得也好，失也罢，成败得失，俱在这小小图片中，让我从中望见了一路跌跌撞撞走来的自己和那段逝去的时光。

好在，我仍然行走在路上。

（实践人：李新）

第三节　定植保活

定植保活是指采取适宜的栽植方法和管护措施，确保盆景桩材成活。

一、培养土及处理

石榴对土壤要求不严，耐旱耐瘠薄，特喜石灰质土壤。因此，在栽植树桩时，宜选用质地疏松、透气透水性强的石灰质生土。用含有丰富有机质的肥沃土，粗加工伤口易感染病害，过于肥沃也易烧伤新根，不利于成活；过于黏重的土壤易板结，不能与根密接，也会造成桩材死亡。所以，石榴桩材栽植盆土的选择与处理，要以有利于成活为主要依据。细沙土易得时，选用细沙土；细沙土不易得时，就用经冬冻熟了的一般耕地的地表土，拌入等量的细沙即可。用土入盆前要经过阳光暴晒，然后用杀菌剂、杀虫剂消毒灭菌、杀虫。

二、盆栽

对于挖掘时受伤少、根系多、树龄较轻、生长壮旺、成活把握大的树桩，可直接上盆栽植育桩。所用盆要求不严，只要大小、深浅合适就行。因为这时只是育桩用盆，还不是最后盆景用盆。

石榴桩材上盆的方法：先把盆底铺垫好，以利上盆后透气、排水。如果是新盆，应先将其放在水中浸泡片刻，让盆钵本身吸足水。然后检查盆底排水孔是否通畅、够不够大，如排水孔不通畅的，应先捅透或扩大孔后再上盆。盆景用盆一般都比较浅，如盆底排水孔再用瓦片遮盖，将减少盛土量，故可用塑料窗纱等遮盖。盖好排水孔后，在盆体底部放少许粗炉灰渣块，再放少许培养土，把树桩根系理顺后放入盆内。树桩在盆内的位置和姿势，要按打桩结果放置。一手拿稳树木，一手向盆内加土，当盆土加到盆的3/5左右时，把根略向上提一提，使根系伸直，再继续加土，直至把土加到理想高度。一般盆土应低于盆口2～3cm，以便日后浇水不被溢出。向盆内填土时，还应边填边振动盆体。填好土后，用手轻轻压一压，使盆土松实适当。如盆土过松，浇水后树桩容易变位，影响造型；盆土压得过实，对树桩生长不利。

上盆完毕，要浇透水，浇到盆底排水孔有少量渗出为止。如果是浅盆，可用浸水法供水，浸到盆土表面都湿润为止，然后把盆放置在荫蔽处。

三、地栽

对于挖掘时受伤较重、须根较少、树龄较老、桩体较大的桩材，为确保成活，宜地栽。地栽的地点应选背风向阳、地势高燥、排水良好的地方。地栽时，先挖坑或沟，然后依据桩材根幅范围在坑内设置木框，限定根系生长范围，以免日后挖掘上盆时再次伤根。地栽最好也使用盆栽用的培养土，栽植方法与盆栽大致相同，栽后浇足水。

石榴桩材栽植保活的实践

通过对桩材的审视调相锯截后，桩材已基本定型，下一步进入栽植育桩保活阶段。经过多年的摸索和实践，桩材采取涂泥保湿法、窖藏法、打击刻伤生芽法栽植易于成活，生根生芽多，效果明显。

涂泥保湿法

将锯好的桩材栽植后（大棚内进行，直接上盆或堆土栽培），用黏度较大的泥巴涂抹在树身上，锯口处少涂，涂泥面积约占树身面积的50%，然后用塑料薄膜（白色地膜）包裹，放在封闭的大棚中，注意保湿、保温、通风，待春季芽子生出后，轻轻将芽子上面部位的薄膜揭开，慢慢用水冲去泥巴，使芽头自然显露出来（图5-21至图5-23）。

图5-21　温室栽植树桩

图5-22　涂泥保湿法

图5-23　涂泥保湿与地膜包裹

窖藏法

将锯截好的桩材,找一块避风平坦的空地清理干净,将所截的桩材集中起来,平整放在地上,不要太挤压,以防春季扒桩时折断枝条。可用清洁的河沙掩埋,沙土高于桩材30cm,以冬季结冰时冻不到桩材为宜。之后用棍子捣实,浇一次透水,上面用草苫等物覆盖,待明年春定植。窖藏法多以大桩材为主。其特点是省时省工、保湿、成活率高,减少冬季建棚、保湿、保温的环节。桩材在窖藏的过程中,通过营养的积累,形成根瘤与芽眼等愈伤组织,利于生根发芽。窖藏期间如沙干,应及时喷水保湿(图5-24)。

图5-24 窖藏法

打击刻伤生芽法

此法是一种辅助生芽栽培方法。有些桩材锯截后,其自然生芽眼被破坏,或有的平滑处不易生芽,因此在适当位置刻伤,易于生芽。用剪子尖或凿子敲至木质层即可,打击刻伤法一般在窖藏法与涂泥保湿法之前完成。通过打击刻伤,使其受伤处形成愈合组织,促进隐芽萌发。此法的应用,避免了枝条的缺失,加快了培养过程(图5-25、图5-26)。

图5-25 打击刻伤

图5-26 打击刻伤生芽

(实践人:张忠涛)

四、保活措施

1.应用植物生长调节物质

为提高盆栽或地栽石榴桩材成活率,可应用一些能促进生根的植物生长调节物质。目前使用的主要有生根粉、吲哚丁酸、萘乙酸等。

2. 保湿

树桩栽植后主要是保湿防止失去水分，但土壤不能过湿，以防烂根。晴朗天气，每天喷几次水，以保持树干湿度。主干高的树桩可用湿布包在主干上，或整个地上部分用薄膜或和草绳缠绕，春夏之交根系旺长、枝条萌芽时再去除。浇透水，上面用薄草或其他荫蔽物遮盖或套塑料袋，以保持湿度。夏天则要搭棚降温，防止烈日暴晒，经常喷水，增加空气湿度。必要时"挂水"补充水分、养分，促使树桩早发根、早萌芽、早成活（图5-27、图5-28）。

图5-27 春夏季搭棚降温　　　　　　　　图5-28 "挂水"补充水分、养分

经常可见一些树桩在发出枝叶1~2个月内又枯萎死亡，这种现象称为"假活"。假活的表现是新生枝生长迟缓，节间短，叶片小，色暗无光泽。

原因有3个方面：

（1）桩材根系不良或运输中脱水，上盆后迟迟未发新根或新根数量太少、太弱，其枝干处发生的枝叶基本依靠体内贮藏的营养，一旦这部分营养枯竭而根部又难以弥补时，即开始死亡。因此，对根系不好的树桩与其他树桩最好分开管理并采取一定的促根措施。对发现运输时出现脱水的树桩，应放进水中浸泡数日，让其吸足水分后再栽植，可有效地提高成活率。

（2）树桩已有新根发生，新枝也较多，虽然根系很弱，但即将度过危险期。此时，如浇水不及时或遇高温、强光、干热风天气，根系吸收的水分小于地上枝叶的蒸腾量时。幼枝嫩叶即开始枯死。此后枯死部分向下延伸，甚至全株死亡。因此，对恢复较慢的树桩，在生长的前3个月内应置荫棚下养护，遇高温、干旱天气时，及时向叶面喷水保枝保叶。

（3）新生的叶片所制造的有机养分已开始大于根、枝、叶生长所消耗的营养，但由于提供到根部的营养很少，新根生长仍很缓慢，同时向地上部提供的无机养分也满足不了枝叶生长的需要。在这种缓慢的恢复期内,如遭遇恶劣环境可能会加剧矛盾造成死亡。若在此之前进行叶面喷肥,可以缓解其营养供求的矛盾,是保叶促根、加速恢复生长的有效措施。

3.防冻

冬季新栽桩材经过强修剪,伤面暴露时间较长而失水,造成自身干旱,因须根少或全无,失去了主动吸水的机能;又因严寒,树皮冻伤,枝干枯死,无法萌芽,这是桩材不易成活的主要原因。

为了树桩安全越冬,确保成活,必须采取以下措施:

(1)可在地上挖槽连盆埋入地下,盆面覆盖细土,避免冻害。到了春暖季节,气温回升时再扒开覆盖土层,取出盆桩进行管理。

(2)家庭培养少数树桩需围以草帘或罩塑料袋,既可防冻,又可保持水分。如要大量生产,树桩可放进塑料大棚或温室进行管理,天气晴朗时,每天要喷几次喷雾调节空气湿度。待天气回暖的春夏之交发嫩芽、长新枝时,可逐步移至露天培养。生长旺期更不可缺水。如气候干燥,要在叶面喷水,浇水不能过多,以防烂根。还要施肥,促使早日成型,但宜薄肥勤施,不可用浓肥免得伤根。肥料不论饼肥粪肥,都要腐熟透后才可用。

(3)根部裸露的,入冬后不宜放在露天,应放在塑料罩内,每天在枝干上喷几次雾。

4.抹芽

新桩培育到5~6月,就要进行抹芽,即将生长过密的芽用手指抹掉。如芽已长成枝,可以剪掉多余的枝,保留造型需要的枝。枝条过密,如不修剪会影响造型,又会生长不好。一般应剪去多余、瘦弱和过密的枝条,保留粗壮枝,使营养集中,生长整齐,增加分枝级次,以达到快速成型的目的,修剪之后要及时适量施肥,促使其快速生长,有利造型。

石榴桩材快速成型的实践

树桩成活到形成初步成型的石榴盆景,一般需要2~3年的培育,多数可开花结果。按时间顺序及主要工作,简要介绍如下。

保温育芽

石榴桩材一般在塑料棚中栽植,保温保湿,利于成活。栽后喷足水,用地膜把树桩包裹一层,防止枝干失水。注意棚内温度,太热应通风放气,一般不高于35℃;-3℃以下时应加盖保温层,避免冻伤。于清明前10天左右,去除树桩身上的薄膜。视天气情况适度喷水。晴天时每天喷水1~3次,阴天不喷水。一般到5月上旬即可从锯口、树身上长出芽来。石榴根部易发蘖生芽，应及时去除（图5-29、图5-30）。

通风炼苗

5月中旬气温逐渐升高，要注意通风放气，防止气温过高"烧"树。气温高时，已发新芽变黑，或桩口受伤不发芽。放风时应在避风口处多放，上风口处少放或不放。控制温度在35℃以内，这样利于生长。发芽率90%以上时，逐步放大通风口，进行炼苗。早、中、晚喷水，中午应往盆上、桩上、地上喷水。5天左右把大棚两头放开，之后视天气情况，于阴天或下午把薄膜棚去掉。撤棚后应早晚喷水，以适应室外环境。看盆内干湿，不旱的只喷不浇，干旱的浇则浇透（图5-31）。

图5-29 长出愈合组织　　图5-30 萌芽　　图5-31 通风炼苗

初步定芽

新芽长到10cm以上时，适度定芽，去除无用蘖生芽，把同一部位上的芽子去掉一部分，每一部位先留有2倍以上芽，选壮芽、位置好的芽，让芽位高低错落，布局合理。关键部位用铝丝或绳子、铁钉固定，防大风吹掉芽子。对拿捏不准的芽子，可先留着，待以后定芽。在之后的管理中，每月施一次薄肥，促进其苗壮生长。

初芽整形

芽子粗度长到6mm左右时，可初步整形。先把个别没成活的枝干锯掉（留作神枝、舍利干的除外），以免妨碍枝条布局。用小钉先固定枝干上，选择好合适的着力点，用铝丝整枝。粗的枝条，可用胶布先保护一层，不可太紧。也可用破杆剪破干，再行整枝。整后任其生长，适时去除枝条上无用的芽子。

二次整形

于当年冬天落叶后到初春发芽前，重新对新桩整形。如有陷丝，应先去除或松开。夏季二级枝条已长出，比较粗壮时，应及时进行整形。关键部位，注意角度的变化，下部枝条适度放长，让其多见光，利于增粗。树身每个位置的枝条可适度留长，但要注意比例尺度，有利于营养分散，多发小枝，利于形成花芽。等一年后生长均匀再短截或疏稀枝条，局部换土加肥。第二年春天，石榴发芽前，应把盆内旧土挖掉一部分，换上用园土与腐殖质配制好的加上适量农家肥的土。加施化学肥料，土壤易板结、树长势缓慢，要适当掌握（图5-32至图5-37）。

图5-32 双主干盆景的二次整形前

图5-33 双主干盆景的二次整形后

图5-34 双主干盆景的二次整形细节

图5-35 斜干盆景二次整形前

图5-36 斜干盆景的二次整形后

图5-37 斜干盆景的二次整形细节

再次调整

第二年夏天应进行再次整形。这次对个别过稀、不到位的枝条进行整形换土换盆。整后二三十天施肥一次，使树冠逐步丰满。

换土换盆

第三年春天，石榴发芽时可对生长2年的桩材进行换盆换土。有较好培育前途的桩材可换大盆或下地放养。换土时原土不可完全去除，应保留1/5左右，以免伤根。营养土一般用充分发酵的鸡粪、猪粪等约1/5，腐殖质（草炭、烂树皮、腐烂秸秆、生产蘑菇废料等）约1/5，地表层熟土约3/5，再加少许磷酸二铵及磷肥配制而成（图5-38）。

图5-38 换土换盆

（实践人：张忠涛）

第六章

 石榴盆景的造型

实际上，在育桩阶段的打桩期，造型设计就开始了，只不过它是初步的、朦胧的。在育桩成功之后，要再根据新枝生长情况和前面所述的创作原则，进行正式的造型设计。

石榴盆景造型不拘一格，形式多样。但在几十年的发展创新过程中，主要形成了以干为主类（直干式、斜干式、卧干式、曲干式、枯干式、悬崖式、临水式、过桥式、双干式、丛林式、象形式），以根为主类（提根式、连根式、蟠根式）和树石类（洞植式、隙植式、靠植式、抓石式）、文人树、微型盆景类五大类二十式。

第一节　以干为主类

石榴树干的造型，似人的身躯，干的姿势基本上确定了整个桩景的外貌和形态特点。因此，干的造型对表现桩景的神韵风貌具有主要作用，在石榴盆景的款式中，以树干不同形态而命名的最多。

一、直干式

主干挺拔直立或略有小的弯曲，虽然不高，但有雄伟屹立之感，树冠端正，层次分明，果实分布均匀，多为单干。因其主干的直立性不能改变，所以造型的重点应放在枝叶上。由于枝叶变化较多，虽是单株直立，其形态也是各具特色。另外，由于石榴寿命长，干身常被隆起的厚重的皮包裹着，疙疙瘩瘩，虽是直立，却亦生动（图6-1至图6-4）。

图6-1 《奉献》(张忠涛作品)

第二部分　石榴盆景、盆栽的关键技术 • 133

图6-2 《不辞长做岭南人》（张宪文作品）

图6-3 《虚怀若谷》（王学忠作品）

图6-4 《万家灯火》（王鲁晓作品）

二、斜干式

主干倾斜，略带弯曲，树冠偏向一侧，树势舒展，累累硕果倾于盆外，似迎宾献果，情趣横生。把树栽于盆钵一端，树干向盆的另一端倾斜。一般树干和盆面的夹角在45°左右，倾斜的树干，不少于树干全长的一半，占 2/3 左右为宜，且倾斜部分具有一定的粗度，主干中部以上应有主侧枝，以便用枝叶掩盖住斜与直的交接部位，缓慢过渡。斜干式的培育方法基本同直干式，只是要注意树干和盆面的夹角。斜干式选材，除已具备的自然斜干形的桩材外，可从具有单面根盘、主侧根较发达直干树材中选取，也可从双干形中选取倾斜的一干，截除另一干而获得（图6-5至图6-10）。

图6-5 《倾国倾城》（王鲁晓作品）

图6-6 石榴盆景（梁凤楼作品）

图6-7 《老当益壮》（姚明建作品）

图6-8 《贺金秋》（肖长胜作品）

图6-9 《苍龙探海》（周新民作品）

图6-10 《四海归一》（孙利君作品）

三、曲干式

树干呈"之"字形弯曲向上,多为两层,也可多层弯曲,形若游龙。此形层次分明,果实多挂于主干的拐弯处,多为单干。曲干式盆景的树干曲折多变,富有动势。在加工造型时要因势利导,因材造型。"虽由人作,宛自天开"。在盆景诸多款式中,以曲干式的变化最为丰富多彩。

在峄城石榴盆景中,曲干式是最为著名的款式。1999年,张孝军的《老当益壮》获得昆明世界园艺博览会金奖。从而使得峄城石榴盆景扬名世界,也使得曲干式石榴盆景备受推崇。如用幼料制作曲干式盆景,比较容易拿弯,但需时较长(图6-11至图6-14)。

图6-11 《鳄鱼吐珠》(李明法作品)

图6-12 《笑傲风雷》(张忠涛作品)

图6-13 《当歌》(梁凤楼作品)

图6-14 《回眸一笑》(石玉华作品)

四、悬崖式

主干自根颈部大幅度弯曲，倾斜于盆外，好似生于悬崖峭壁之上，呈现顽强刚劲的姿态。按树干下垂程度不同，又有小悬崖和大悬崖之分。树干枝梢最远端低于盆上口，而没有超过盆底者称小悬崖，又称半悬崖；枝梢远端低于盆底者称大悬崖，又称全悬崖（图6-15至图6-18）。

图6-15 《捞月》（张忠涛作品）

图6-16 石榴盆景（唐庆安作品）

图6-17 《飞流直下》（左福才作品）

图6-18 石榴盆景（娄安民作品）

五、临水式

树干斜伸如临水面的树桩盆景形式。让树干斜生，伸展出盆外，也不往下倒挂，主干到飘出的枝干顶部要逐渐收小，要真的像自然界中的大树被风吹倒而临水那样的效果才好（图6-19、图6-20）。

图6-19 《探幽》（张忠涛作品）

图6-20 《榴韵》（吴刚作品）

六、卧干式

树干大部分卧于盆面，快到盆沿时，枝梢突然翘起，显出一派生机，翠绿的枝叶和苍老的树干，具有明显的枯荣对比。树冠下部有一长枝伸向根部，达到视觉的平衡，表现出树木与自然抗争的意境（图6-21至图6-24）。

图6-21 《回眸》（上官炳雪作品）

图6-22 石榴盆景（张忠涛作品）

图6-23 《卧龙》（王治安作品）

图6-24 《相依》（张新友作品）

七、过桥式

表现河岸或溪边之树木被风刮倒，其中枝条或主干横跨河、溪而生之态，极富野趣（图6-25、图6-26）。

八、枯干式

自然界中生长多年的老树，在漫长的岁月中，由于受到多种因素的影响，部分树皮脱落露出木质部。有的树干腐朽穿孔成洞，有的树干木质部大部分已不存在，仅剩一老树皮及少量木质部，但又奇迹般地从树皮顶端生出新枝，真是生机欲尽神不枯。但枯干不是形，是指的枯朽，在直干、斜干、曲干等多种造型形式中都有枯干的运用。由于石榴寿命长，枯干桩材资源较多，在石榴盆景中占有重要位置，故而把它单列为一种造型形式。

图6-25 《独木成林》（肖元奎作品）

图6-26 石榴盆景（齐胜利作品）

根据树皮、树干木质部被损害程度和部位的不同，又分为枯干式、舍利干、剖干式。根据植株形态，经过艺术加工，把部分树皮和木质部去掉，促使植株形成老态龙钟之状，"虽由人作，宛自天开"（图6-27至图6-31）。

图6-27 《壮志不已》（张新友作品）

图6-28 《横云》（张忠涛作品）

图6-29 《古榴新姿》
（张忠涛作品）

图6-30 《独秀》（杨大维作品）

图6-31 《秋实》
（魏绪珊作品）

九、象形式

这种形式是把盆景艺术和根雕艺术融合为一体的盆景形式。多为动物形象。在素材有几分象形的基础上，把植株加工成某种动物形象，给人以异样的审美情趣。它要求植株的干、枝必须具备一定的自然形态，经过创作者巧妙加工而成。象形兽类的，如大象、虎、狮等，似一件活的雕刻艺术品，给人以新奇感。象形鸟类的，有的似鹰击长空，树干像鹰的身躯，枝叶像鹰的翅膀，呈现出雄鹰展翅之势，寓鹏程万里之意；有的似孔雀开屏，如张孝军的《金凤展翅》，树主干似孔雀的身脚，枝叶加工成孔雀的羽翼（图6-32、图6-33）。

图6-32 《金凤展翅》（张孝军作品）

图6-33 《拼搏》（韩建民作品）

十、双干式

有的双干式是一株树,主干出土不高即分成两干;有的是两棵树制作在一盆中,两棵树互相依存,不能相距较远,否则会失去呼应而没有一体感。双干式一般一大一小、一粗一细,其形态有所变化为好。双干式表示情同手足、扶老携幼、相敬如宾之情(图6-34、图6-35)。

图6-34 《迎朋邀友》(马杰作品)

图6-35 《本固枝荣》(张忠涛作品)

十一、丛林式

凡3株以上(含3株)树木合栽于一盆的,称为丛林式。一般为奇数合栽。最常见的是把大小不一、曲直不同、粗细不等、单株栽植不成型的几株树木,根据立意,主次分明聚散合理、巧妙搭配,栽植在长方形或椭圆形的盆钵之中,常常能获得意想不到的效果。除主次分明、聚散合理之外,还应注意:①表现凹形曲线,内凹面向观赏者,植株分布在凹线两侧;②不规则的曲线表示等高线,线越密山坡越高,反之坡低;③为主的植株一般应植在最高处(图6-36、图6-37)。

图6-36 《牧归》(梁凤楼作品)

图6-37 《乡音》(张林作品)

以上所述以干为主的造型形式是基本的形式，不同形式之间还可结合，如直干、斜干、曲干也可与枯干、舍利干结合，形成更为生动的造型形式。

第二节　以根为主类

现在人们不仅欣赏盆景的枝、干、叶、花、果，而且对盆景桩根产生了浓厚兴趣，常把桩根提出土面。经艺术加工培育的根，千姿百态、各具特色，可弥补桩干的虚白，增加盆景的苍虬，衬托出盆景的形态美，可大大提高树桩盆景的观赏价值。故有"桩头不悬根，如同插木"之说。凡桩干粗壮雄伟、苍劲古朴的峄城石榴盆景，一般不露根；而桩干较细矮、树龄较小的，多进行露根造型。

一、提根式

提根是将表层盆土逐渐去除，使根系逐渐裸露，这是模仿山野古木经多年风吹雨刷表土后，苍老的主根裸露于土表，有抓地而生的雄姿。提根式石榴盆景的突出特点是根部悬露于盆土之上，犹如蟠龙巨爪支撑干枝，不仅显示出根的魅力，而且体现出整个盆景的神态风姿，显得苍老古朴、顽强不屈，具有较高的观赏价值（图6-38）。

图6-38 《根趣》（张新友作品）

二、连根式

连根式石榴盆景是模仿野外石榴树因受狂风或洪水等袭击，使树干倒地生根，向上的枝条长成小树而创作的。有的是由于树根经雨水冲刷，局部露出地面，在裸露部位萌芽长出小树，它表现的意境是树木与自然灾害搏斗抗争的顽强精神（图6-39）。

图6-39 《韵》（韩建民作品）

第二部分　石榴盆景、盆栽的关键技术 • 143

三、蟠根式

蟠根式盆景也是露根类，只不过露出的根不像提根、连根式那样自然向土中扎入，而是经人为盘曲穿插造型，然后再扎入土中，比提根、连根式更具古朴野趣和美感（图6-40）。

第三节　文人树类

图6-40　石榴盆景（唐庆安作品）

文人树的始祖是中国画中的文人画，其盆景造型具有高耸、清瘦、潇洒、简洁等特点，寥寥几枝就能表现出树木的神韵。以个性生动、鲜明、清新的艺术形象，表达清高、自傲的人文精神追求。

此外，还有一种被称为"素仁格"（也称素仁树）的文人树造型，其代表人物是广州海幢寺素仁和尚。艺术风格像中国画中的写意派，只用淡墨描出几笔，并无茂繁枝，仅以几枝树丫形成扶疏挺拔的"高耸型"盆景，创造出清高脱俗、悠然飘逸、如诗如画的意境。

文人树并非石榴等树木盆景的基本树形，而是由斜干式、曲干式、直干式、双干式等造型的盆景变化而来，它以"瘦"为美，可将其灵活运用，与悬崖式、斜干式、曲干式、直干式、多干式等造型的盆景相结合，以追求线条的流畅变化、气韵的生动自然，但清瘦、简洁的风格不变（图6-41至图6-44）。

图6-41　文人树花石榴盆景（杨自强作品）　　图6-42　《同辉》（齐胜利作品）　　图6-43　《秋实》（谢士乔作品）　　图6-44　《轻歌曼舞》（张忠涛作品）

第四节　树石类

树石类又称附石类。其特点是石榴树栽种在山石之上，树根扎于石洞内或石缝中，有的抱石而生。它是将树木、山石巧妙结合为一体的盆景形式。石榴树石盆景以树为主，以石为辅，多以幼树制作旱式树石盆景。树石盆景是盆景中颇具魅力的一种，在盆景中占有重要的地位。依树与石的关系大致有以下4种形式。

一、洞植式

石上有天然或人工凿成的洞穴，土填于穴中栽树，石借树姿，树借石势，相得益彰，组成优美的构图（图6-45）。

二、隙植式

山石自上而下有较深的缝隙，将石榴的根系嵌入缝隙中，末端植入石下的土中。裸露的树根在石隙中游龙走蛇，树石一体，极富山情野趣（图6-46）。

三、靠植式

石榴树紧贴石体，根入土中，不裸露。树贴石，石靠树，轻柔的树枝在石体上排列，两侧伸展，像多株小树生于石上，十分别致（图6-47）。

图6-45　洞植式石榴盆景《秋润》（李庆友作品）

图6-47　靠植式石榴盆景（唐庆安作品）

图6-46　隙植式石榴盆景《树石缘》（张永作品）

四、抓石式

条条树根像"猫爪"一样,紧紧抓住浑圆的石头,根的末端扎入土中,呈现出树木在逆境中求生存的顽强精神(图6-48、图6-49)。

图6-48 抓石式石榴盆景(唐庆安作品)

图6-49 抓石式石榴盆景《空山雨后》(宋茂春作品)

第五节 微型盆景类

按照中国风景园林学会盆景赏石分会2012年的评定标准,微型盆景是指树高25cm以下的盆景。此类盆景多以3～7盆组合,置于博古架中,可用小草、奇石或其他小摆件做陪衬。

石榴微型盆景的历史不长。北京、上海、郑州、贵州、枣庄等地有部分盆景爱好者制作微型石榴盆景。微型石榴树桩盆景所用的石榴品种,多是株型较小的微型观赏石榴,如'宫灯石榴''月季石榴''复瓣月季石榴''墨石榴'等,多用种子繁殖。手掌之间,花果兼备的微型盆景,比一般石榴树桩盆景更有玲珑剔透的情趣(图6-50至图6-52)。

图6-50 《双喜临门》(杜仲君作品)

图6-51 微型石榴盆景(王小军作品)

图6-52 微型石榴盆景(王元康作品)

第七章

石榴盆景的制作

在完成育桩、造型设计后，就可着手制作了。制作是石榴盆景创作最关键、最重要的核心环节，是真正体现作者艺术水平和制作技艺的阶段。

第一节　干的制作

石榴盆景干的制作，有的款式是在育桩阶段就开始了，有的款式是在育桩完成之后进行。

一、直干式、斜干式的制作

直干式石榴盆景的制作，主要是选择主干直立的植株，在育桩阶段和以后的培育中保留过渡自然的主干即可，没有多少技巧，尤其是采用市场购买的树桩，更是如此。而采用幼树培育的直干式盆景，为了使树干尽快达到所需粗度以显其古味，就要对主干进行几次截干。第一次是当幼树长到一定粗度时，在树干下部锯截，培育几年后进行第二次截干，再培育几年进行第三次截干，这样即可育成下粗上细过渡自然的直立的主干。但要注意截干面与树干轴线呈45°左右夹角，使新干与老干结合部过渡自然（图7-1）。

斜干式的制作，基本同直干式，只不过将其斜栽盆中而已（图7-2、图7-3）。

图7-1　《仙风道骨》（李涛作品）

图7-2　斜干盆景（张永作品）

图7-3　斜干盆景（郑涛作品）

二、曲干式的制作

曲干式盆景的干除自然弯曲外，也可人工制作。人工制作曲干，多选用2～3年生的幼树，树龄越长，制作难度越大（图7-4）。主要制作方法如下：

1. 金属丝定型法

其原理是靠金属的塑性力使树干弯曲，在其自然生长时将弯曲的姿态固定下来。常用的金属丝有铝丝、铁丝等。常用的方法有压扣法、挂钩法、缠绕法等。弯曲时，在金属丝缚住的地方向外弯曲，为防折裂，可衬竹片或棕丝加固。单丝力量不够，可用双丝缠绕。定型后即可将金属丝解除。

图7-4　曲干盆景（张新友作品）

2. 截干法

步骤：①选取可作曲干部分，其余截去；②生长季节将创口形成层、皮层削出新面，涂赤霉素溶液；③覆盖黑色塑料膜遮光和防雨水污染。

3. 木棍弯曲法

选用3～4年树龄的植株，用两根木棍把树干弯曲成"S"形，固定2年左右拆除木棍，即成曲干式。

4. 劈干法

劈干后用木棍或铁板使树干弯曲，步骤：①春季时用刀在树干中下部把树干从中间劈开；②劈干处用绳缠绕后，用木棍使树干弯曲并固定2～3年；③把一定厚度和弯曲度的铁板置于树干旁，用绳把铁板和树干固定好，2～3年后拆除铁板。

5. 剖干法

剖干后用牵拉使树干弯曲。欲使树干向左弯曲，在春季把树干左侧树皮连同部分木质部剖去，在被剖部涂赤霉素溶液。被剖树干部分衬麻筋后用绳缠绕，用金属丝使树干弯曲，在金属丝着力部分事先垫好衬布，以防损伤树干或树根。固定2年左右，拆除绑扎物，即成曲干式。

6. 锯口弯曲法

为使锯口面尽快愈合，应在植株生长旺季进行。在植株侧面，间隔2～3cm锯一"V"形缺口，"V"形口尖端最多达到树干中心部，削平锯口毛面。用棕丝牵拉使树干弯曲，固定在根部或盆沿，并涂赤霉素溶液，作防雨处理。用麻布或棕丝缠绕锯口部位树干。经2~3年生长，待锯口愈合长牢后，方可拆除缠绕物以及使树干弯曲的绳。

三、悬崖式的制作

悬崖式干的基部是垂直的或基本垂直的，自基部往上部分弯曲下垂，弯曲的方法与曲干式的制作基本相同，只是悬崖式弯曲度要大于曲干式，且向下弯曲下垂。可以主干或一树枝下垂，也可以主干向一侧偏斜，随后弯曲下垂，或向一侧倾斜后拐一个弯再向另一侧伸展下垂（图7-5）。

四、卧干式的制作

树干是卧干式盆景的核心部分，其弯曲倾地的形态应具有反转的变化，像真正的神龙一样，树顶昂首向上。树干斜贴地面弯曲的角度和长度都应恰到好处，以展现出富有气势的效果（图7-6）。

图7-5　悬崖式（张新友作品）

图7-6　卧干式（李新作品）

五、枯干式的制作

图7-7 枯干式

除自然界中比较古老的枯朽桩景外，人工制作枯干主要有两种方法（图7-7）。

一是对比较粗壮的主干劈去一部分，对中下部的木质部进行打磨或用强酸腐蚀，经几年工夫，形成不规则的腐朽沟或腐朽面。

二是制作"舍利干"。"舍利"一词来自佛教用语，用在盆景艺术中，为树干木质裸露出来呈白骨化的部分，与繁茂的枝叶形成鲜明的对比。方法：①选择具有一定姿态的植株为素材，根据表层吸水线的走向和创作意图，用颜色标出要剥去的皮与留下树皮的界线；②用刀削去树皮，雕刻成自然纹理至木质部；③每隔一个月在去皮的树干上涂一层石硫合剂，使木质部白骨化；④成功之后，树皮和木质部形成鲜明对比，枯荣相济。

石榴干的修饰及舍利干制作的实践

石榴桩材多数来自山采或果园淘汰的老桩，死干呆板、臃肿，或因虫害、机械损伤、锯截等造成树体残缺不全。一般通过加工、修饰，将这些死干及残缺部分打造成自然风化的效果。

石榴树干的修饰，原则上把不美的部分进行修饰，使其露出自然纹理。一般树桩成活2年以上，旺盛生长了，即可进行制作。有的部位过于肿大，可利用电动工具先切除一部分，再用钩刀、凿子等顺纹理劈拉，让其有深浅、空灵、大小沟槽结合有变化。再用钢丝刷，顺木纹刷去毛刺即可。也可让其自然风化之后，再用钢丝刷（圆刷、扁刷、尖头刷等）顺木纹打磨。一般临近皮层部位周边，要比皮层薄一层，可让皮层显得鼓起，有力度感、年代感。

部分有可能存水位置，可用电钻、修边机等把其做透，使其不积水，以免后期腐烂。

打磨自然后，用石硫合剂兑水3～5倍。先把要刷部位用清水喷2遍，再涂抹，易于着色，刷2遍即可。一般2～3年涂抹1次（图7-8至图7-13）。

图7-8 未经处理的枯干盆景　　图7-9 用工具处理后的枯干盆景树干　　图7-10 涂抹石硫合剂后的枯干盆景树干

图7-11 未经处理的丛林式盆景　　图7-12 用工具处理后的丛林式盆景树干　　图7-13 涂抹石硫合剂后的丛林式盆景树干

（实践人：张忠涛）

六、双干式的制作

若用两株幼树栽于一盆中，待生长到一定高度时要进行摘心，促进其分枝，使两株树木枝条搭配得当，长短不一，疏密有致，好似自然生长的一样。一般两株树木相距较近，否则有零散之弊，而无美感。通常是大而直的一株栽植于盆钵一端，小而倾斜的一株植在它的旁边，其枝条伸向盆钵另一端（图7-14）。

图7-14 双干式（张新安作品）

第二节 丛林式的制作

丛林式盆景的制作方法不难，一般对桩材要求也不太严，要注意以下几点（图7-15、图7-16）：

图7-15 《榴林尽染》（张忠涛作品）

图7-16 《依林而居》（李云龙作品）

一、树干不要差异太大

其树干的形态差异不要太大,以求有一定的共性。如直干式可与斜干式合栽,但不宜和曲干式或悬崖式合栽,否则会产生"各唱各的调、各吹各的号"的弊端。

二、株数一般为奇数

植株以奇数合栽,3株或5株的丛林式多分为两组,其中一组为主,另一组为辅,主树常为3株,另一组为2株。如果株数较多(7株以上),常分为3组。应以树木的高低和大小确定哪组为主,哪组为辅。

三、具体栽种位置

可一组稍近,另一组稍远,几株树根基部连线在平面上,切忌呈直线或等边三角形。

微型观赏石榴盆景(水旱式)的制作实践

微型观赏石榴是常见的石榴品种,俗称"小石榴"。植株矮小,枝叶细而稠密,花果也都不大,但开花很勤,坐果率很高。用其制作盆景,能够以小见大,表现大自然的山林野趣和大树风采,尤其适合制作水旱式、丛林式盆景和微型盆景。制作这些盆景所用的材料多是扦插、播种所得,也就是说在不破坏生态环境的条件下,能够得到大量的苗,非常适合大批量生产。

(1)选择长方形或椭圆形的浅盆、5~7棵小石榴及奇石(图7-17)。

(2)将小石榴扣出,去掉部分盆土,但勿使根部的土球散了,尽量不伤根(图7-18)。

(3)在浅盆2/3处摆上石块,做出水岸线,右侧的留白作为水的部分,左侧做成旱地,用来栽植微型观赏石榴,然后用白水泥将石块粘牢(图7-19)。

(4)等水泥稍干燥后,将小石榴分为大、小两丛,摆在花盆的合适位置,摆放时注意前后、左右的位置,使其错落有致、前后呼应,然后在根系间填上培养土(图7-20)。

(5)在土的表面铺上青苔,而后喷水,使青苔跟土壤结合紧密(图7-21)。

(6)在盆土表面点缀石块,做出起伏自然的地貌形态。在石头缝隙、石榴根部等处栽种小草,剪短(图7-22)。

(7)用小刷子将浮土清除,再用干净的抹布擦拭作为水面部分的盆面(图7-23)。

(8)对小石榴进行修剪整形,剪去影响树形美观的枝条(图7-24)。

(9)在水面部分摆放作为远景的石块及小船等配件,在岸边摆放陶制的人物(图7-25)。

由于水旱盆景盆面开阔,土壤少而浅,水分蒸发较快,可先放在没有直射阳光处养护，以利根系的恢复。注意勤浇水，还可在土壤表层铺一层湿布，并促使青苔成活。等根系恢复后移至阳光充足处养护，注意浇水，勤施薄肥。开花结果后修剪，剪去乱枝，保持盆景的自然美观（图7-26）。

图7-17　选择树苗及工具　　图7-18　扣出树苗　　图7-19　规划

图7-20　布局　　图7-21　布苔　　图7-22　配置

图7-23　清洁　　图7-24　修剪　　图7-25　配件

图7-26　完工后的石榴盆景

（实践人：王小军、兑宝峰）

第三节　露根的制作

一、提根式露根的制作

石榴盆景提根式露根的制作方法通常有3种（图7-27）：

（1）去土露根。将石榴桩或幼树种植于深盆，盆下部盛肥土，上部放河沙。栽培中随着根系向肥土中伸展逐步去掉盆上部的河沙，使根系渐渐露出，然后翻盆栽入相应的浅盆中。

（2）换盆露根。在每次换盆时将根部往上提一些，随着浇水和雨水冲刷，同时用竹竿逐步剔除根系的部分泥土，使根系渐渐外露。

（3）折套法。在树桩或幼树栽植于浅盆时，于盆钵四周围以铁皮或瓦片、碎盆片内填培养土，待根系长满浅盆后，撤去围物，让根部露出。

图7-27　提根

二、连根式露根的制作

一般宜用幼树制作。先将石榴幼树斜栽于地或较深大盆钵中（树干与地面或盆面成45°角），待成活后，剪去向下、向两侧的分枝，将树干制成起伏不平状埋入土中，但要把梢部露出地面，向上的分枝继续生长成为连根式石榴盆景的干、枝，埋入土中的原树干上就生长出根来。待根粗壮后，移入盆中并予以露根制作，即成为连根式。

三、蟠根式露根的制作

蟠根式石榴盆景的根，除要"露"以外，还要蟠扎造型。常言说，盆树无根如插木。无根可露的盆景不是完整的树桩盆景，无美根的树桩盆景不是完美的作品。

蟠根时间一般在石榴萌芽前后，此时枝叶未动，地下细根已经先行。蟠根后在整个生长季节，十分有利于根系复壮。蟠根可结合换盆进行，换盆脱出的树根用水冲刷去部分或全部泥土，晾晒1个小时左右，待根由脆变软，用粗细适宜的金属丝旋扎调整定形。调整时掌握好着力点，缓慢用力，对易断弯处用手指保护好。在易断处缠上较密的细丝，防止其破裂和折断。弯曲时弯到需要的角度不再回弹变形时为止。较粗的根一次不能弯曲到位，可辅以其他办法牵拉，分次到位。蟠根造型没有固定的模式，但要与地上部分协调，可用悬根露爪法，将分散的根适度收拢整形，使根形成强烈的支撑力度感；也可用盘根错节法，使根系交互穿插，平卧土面后向泥土中扎入；还可用隆根龙爪法，将基部根隆出地面经转折(即回根)后弯向土中。根多者还可向四面辐射（图7-28至图7-30）。

图7-28 石榴原桩

图7-29 两年后上盆

图7-30 三年后基本成型式样（郑涛作品）

第四节 树石类的制作

一、洞穴嵌种法——洞植式（隙植式）

洞穴嵌种法，软石、硬石均可使用。如用软石，先选取一块有一定形态的整面，在石顶或石腰的一侧凿一洞穴，填土把石榴幼树嵌种于洞穴中，使树根扎于石隙间；如用硬石，可选几块山石拼合，黏合时在适当部位预留洞穴，直通底部，然后直接把树嵌种于洞穴中，填土养护。上述方法，一般洞穴填土不多，对养桩不利，仍须将山石置放盛土盆内，使根逐渐下延至盆土中，方能正常养护。造型视树干形态及嵌种位置而定，或回蟠折曲，似飞龙腾空之状，或悬崖倒挂，横空飘逸。缝隙嵌种法则是在山石上自上而下凿出较深的缝隙，将石榴根系嵌入缝隙中，而末端扎入盆土中，然后用土将根面全部培上进行养护。待根系生长粗壮、与石成为一体后，再将培在石头上的土去掉露出根部（图7-31）。

图7-31 洞植式

二、顶栽垂根法——抓石式

将培养好根系的石榴幼树，网罩于山石下延，形成鹰爪抱石之势，然后用金属丝或塑料绳捆绑固定，置于盛土盆中，再用塑膜、纱窗网、编织袋之类物料从石脚至石顶圈好围边，内填松质泥土养护促根，使根系向下延伸，直至扎根于盆土中。第二年检查根系附着情况，去掉大部分须根，留粗根，圈土养护后视情况逐步降低培土高度，冲土露根；同时结合对树蟠扎造型，形成险奇、刚强、飘逸之态。这一方法也可变形为腰栽骑石垂根，即栽种部位不是在山石顶部，而是在山石腰部，但山石腰部须有豁口，使树根"骑"在上面，分向两侧下垂扎入盆土之中，使山石的刚强与树干、树根的柔和形成鲜明对照，则更有韵味。

三、依石靠栽法——靠植式

选取合适的成型树桩，用依石靠栽方法，将石榴树先种于盆土中，然后将选好的山石依树而立，树干偎石紧靠，树枝缠绕山石，使树石紧密结合，以达到直接附石的观赏效果。

四、攀崖回首法

先将山石置盆上面，用一株石榴幼树，偎于山石下部一侧根抱石而附，树干依石攀缘而上，待长到一定高度，再用金属丝缠绞扭曲主干，陡然回首贴石转向，向下延伸外飘，成游龙回首之势。

习作文人树石榴盆景的实践

1997年2月得一双干石榴树桩，树龄约八九年。按照文人树的要求进行截桩、剪枝和修根，经养护，第三年便开花结果。由于没有把握住文人树的精髓，顶枝结顶过大，后枝过多，使桩景有臃塞、头重脚轻之感，失去文人树的气质。

近2年，在《中国花卉盆景》上，读到几篇有关文人树的文章，颇受启发，决定对这棵石榴树进行大刀阔斧的改造。在照顾石榴的生态习性和开花结果的特点的基础上，截去过多的顶枝枝片，剪去后枝和多余的侧枝，变臃塞为疏朗，尽量做到简洁、明快、健美、脱俗。经过一番脱胎换骨的改造而成现在的样式，取名《岭南风》。

此桩为同根双干，桩基膨大，提根露爪；主干呈曲线扶摇直上，渐粗尖细，收顶自然；副干斜曲而上，两干一正一倚，一高一低，一粗一细，有俯有仰，相互呼应；枝片错落配置，左右伸展，平中略俯，枝干扶疏，枝叶苍翠，富有生机；红果点缀，色彩艳丽；配长方浅盆，有点郑板桥"删繁就简三秋树，领异标新二月花"的韵味，比未改造前确实长进了一步。由于笔者功力过浅，离"笔简形具，得之自然"还有不小距离，特别是在内涵的挖掘、内在神韵的表现上尚欠功力。

通过习作《岭南风》，体会到创作盆景不易，而创作文人树盆景更难。今不揣冒昧，以求同好教正（图7-32、图7-33）。

图7-32 《岭南风》（钟文善作品）

图7-33 《旋律》（钟文善作品）

（实践人：钟文善）

第五节　枝的制作技艺

用树桩培育的盆景，对枝的造型施艺最多、耗时最长，是盆景工作者必须掌握的基本功。因为树干定型以后，就不会有大的变化，而枝条并没有改变固定的遗传生长特性，仍自然地向上生长。为了将枝条组成一个个不同的艺术形象，就必须运用扎缚、剪截等方法，方能以小见大，缩龙成寸。石榴盆景对枝条的加工要求并不像观叶类盆景那样细致、严格，其原因首先是大多数枝条要进行修剪，通过修剪进行局部整形；其次为保证果实发育要留足够数量的叶片，而且结果部位多在枝条的顶端，处理不当会影响当年及翌年的结果。另外，石榴结果后，常使枝条压弯甚至下垂而改变原有的形态。因此，石榴盆景对枝的加工，主要是根据整形的需要，在主要分枝的布局和形态上下功夫。对局部小枝，除对影响树形的及时处理外，多数结合促花促果和维持树形作较粗犷的处理。

一、主枝的选留

主枝的选留应服从整体造型的需要，一般选留两三个，着重考虑其形态、方位、层次以及与整体的配合。既要层次清晰、伸展有序，又要避免多、乱、密、繁。对于平行、交叉、反向、直立、对生、轮生、交叉枝等应去除。

二、枝的弯曲主要通过修剪和蟠扎来实现

修剪法主要是利用芽的方向性来调节成枝的方向，经过多次修剪后即成苍劲有力的扭曲状。如需变化的角度较大，可用培养后部枝、回缩前部枝的方法修剪。

蟠扎常用硬丝（金属丝）和软丝（棕丝、塑料绳）进行。金属丝蟠扎简便易行、屈伸自如，但拆除时麻烦。使用的铝丝型号，应根据枝条粗度灵活掌握。蟠扎时，先把金属丝的一端固定在枝干的基部或交叉处，然后贴紧树皮缠绕。缠绕时要使金属丝疏密适度、与枝角呈45°角。枝条扭转的方向与金属丝缠的方向相一致，边缠绕边扭旋才不易断折。缠绕后的枝条经一年生长即可固定，要及时拆除金属丝。

用棕丝或塑料绳蟠扎时，先将绳拴住被拉枝的下端，将枝条徐徐弯曲到所需弧度，再收绳固定上端即成。操作的关键是选好着力点，可先用手将枝条按设计要求的方向、角度固定，再选择棕丝结的位置。要及时解除拉绳，避免拉绳深陷皮内。

三、枝条造型的注意点

枝条造型应做到：

（1）一枝见波折，两枝分长短，三枝讲聚散，多枝有露有藏。

（2）在抹掉造型不需要的芽时，应注意对生芽尽量取一；互生芽要根据出枝方向选留上芽或下芽；必须剪短较粗的长枝时，要使其错节。

四、枝条增粗与剪枝造型的关系

初发的枝条不宜急着修剪，应在生长季节采用拉、吊、扎等方法，使枝条基部按造型要求定型，待枝长到适宜的粗度时再剪，一方面是为下一级枝预备健壮的母枝；另一方面是使枝条增粗，具备一定的负载果实的能力，以防止加工后枝条变形。过勤剪枝，会造成枝条细弱无力，既与古老的粗干不协调，也无法解决石榴结果后枝梢变形问题。

五、重点造型枝

1.飘枝

枝的主脉在平行中稍向下飘。为求得最佳曲线美，节与节之间可互换出枝角度，加强节奏感，但不偏离主脉中轴线。在自然界中，飘枝是石榴树向外性的趋向造成的，是向外勃发的一种生物力量，它具有奔放、劲健、流畅、飘逸的枝态特征，在塑造和艺术加工上给予有节奏感的意象，是对大自然的升华，而过分虬曲顿挫则是对大自然的歪曲，就会失去可贵的原本韵味。

飘枝的运用。主要适应于某些僵硬呆滞且较为高挑的桩材，而不适于低矮的桩头，无高则不飘。飘枝如运用得当，枝飘则动，动则韵生，使作品生动活泼、神态跃然，所以飘枝也称为"神枝"。

飘枝所出的位置很重要。一般在桩材总高的一半以上，按黄金分割的原理，3∶7或3.5∶6.5的位置为佳。过高违反生态规律，过低则飘不起来，也就失去了神韵。

飘枝的制作方法：在树干上部，选取生长健壮的侧枝进行蟠扎，飘枝与主干的夹角一般在60°左右，以下的枝条全部剪除。运用飘枝的盆景，宜用浅盆或中等深度的盆钵。如飘枝向左，则把石榴桩栽于盆内偏右并靠后一些的位置上。

大飘枝在石榴盆景制作上的应用实践

石榴盆景如何打破等腰三角形构图上的平板和呆滞，在稳固和平衡中产生些动势来？几年来，笔者加强理论学习，在实践和认真总结的基础上，做了些尝试。

在曲干式桩材的适当位置上配置大飘枝的方法，以动制静，动中出势，打破对称、平衡的格局，以取得流畅动感。操作的关键是势取向背，向势舒展，大飘枝如江河之水下泻，势如流云飞瀑，一"飘"皆活，一"飘"皆动，一"飘"皆灵……与此同时，背势缩敛，呈内收之态，与向势的投射形成强烈的对比，更显向势的夸张与张扬。其他枝片错落配置，平中略俯，收顶自然，整体构图形成不等边三角形，把动与静这对矛盾统一起来，达到动中有静，静中有动。加上累累硕果掩映在碧绿的叶片之中，呈现出色彩的变化和对比，更显生动活泼，在整体效果上展示出自然流畅、清新朴实、潇洒飘逸的风格（图7-34、图7-35）。

图7-34 《凤舞九天》（朱秀伦作品）

图7-35 《鲁南明珠》（王学忠作品）

在制作技艺上，采用蟠扎和修剪相结合的方法，始终把培育大飘枝作为重点，精心养护和科学调控，中桩大约需要七八年的时间才能基本成型。

运用大飘枝，是笔者在石榴盆景制作上的一个尝试，粗浅心得，公诸同好，以聆教正。

（实践人：钟文善）

2.探枝

主脉曲节起伏，与飘枝有相似的地方。其最大的特点是在众多比较统一的造型枝中，异军突起，打破构图边线，形成多边形构图。所以探枝是一种优秀的造型枝，多见于常规的高耸单干造型，一般出枝位置较高。探枝也应用在悬崖式石榴盆景造型中，不过出枝位置一般在悬崖干的最低处，呈跌枝、俯枝状。

3.拖枝

主脉圆转流动，与主干干身走向相同，有如关羽临阵用的拖刀。多用在曲斜干的造型中。

石榴曲斜干常见有两种造型形式。其一为俯枝临水式，其二就是拖枝奔月式，动感强烈，构图稳中求险，树相活泼、灵动，有如壁画中的奔月、飞天。如果原伴嫁托正好在干身外角位置上，一般配以半飘半跌枝，做成俯枝水影式；如果原伴嫁托正好处在干身内角位置上，则配以拖枝，做成奔月式较好。至于一些没有伴嫁托的光身桩，既可做成临水式，也可做成奔月式。

4.跌枝

主脉在前进中突然向下曲折跌宕，变化强烈分明，下跌后流畅自然，多用在曲斜干的造型中。一方面强调枝的险峻、动感，另一方面又能补充高脚部位少枝的空虚感。

5.泻枝

主脉一出枝即弯曲成流动下泻状，其间少曲折变化，有如江河直下，一泻千里，气势雄浑。

6.斜干反侧主枝

反侧主枝的塑造是斜干式桩景制作的重点。斜干式的主侧枝与分枝的位置和分配都要紧紧围绕着使树势稳定均衡的原则来进行。反侧主枝的粗细、长短，直接影响到树势的均衡。一般而言，树干倾斜度大，反侧的主枝就应相对地增粗加长。反侧主枝的出枝位置，应根据主干的倾斜、树桩的高矮来决定。主干倾斜度小，第一主侧枝出枝位置可适当低一些。以60°的倾斜而言，主干上第一主侧枝的位置在略高于主干长度的1/2处较为适中。并要求此主侧枝上的分枝数较多，达到枝繁叶茂，可使枝梢向下稍重，避免过于直立上扬和过于水平。其余侧分枝应越往上越少。反侧方向上的枝叶应适当地多些，而树顶部的枝叶不能浓密，倾斜方向上的侧分枝不宜过多、过长。

石榴盆景粗枝整形的实践

盆景制作中，往往有较粗的枝干不理想，过于臃肿、僵直、呆板、缺少变化。可通过整形使其有弯曲变化，看上去曲折自然，达到线条流畅的效果。

枝条粗度小于2cm时，可直接调整。先固定枝基部（锯口外萌芽易掉，先用铁钉钉到主干木质上，或用铝丝同主干绑在一起，等整枝成功后再去掉），用铝线缠绕到枝条上，调整位置。

枝条大于2cm、小于4cm时，可考虑用破杆剪破干。破口十字交叉，也可纵向破口长一些，然后用胶布缠绕破口，缚上适度的铝丝，慢慢牵拉到位。

粗度大于4cm以上时，需用电钻、电锯破干后把枝干中木质去掉一部分，然后用黑胶布保护皮层，有时为防断裂，可在枝条两侧加衬粗铝丝，以缓冲保护枝条，避免断裂。调整时稍旋转枝条，找准着力点角度、走向，慢慢调整到位（图7-36至图7-39）。调整到位后，枝条前端一般不修剪，任其生长。枝条越旺长，光合作用越强，对伤口恢复愈合越有利。

图7-36　整枝前

图7-37　去除直立枝条下部部分木质

图7-38　用破杆剪破干

图7-39　胶布保护与牵拉到位

对于改造悬崖盆景，高干垂枝，高树变矮，进行枝干调整，可增加力度、流畅性，使一平庸之材变废为宝。一棵树如果枝条分布太平淡，看上去无味道，可通过调整大枝条，增加亮点。有几个有力度、曲折的枝条，整个作品就有年代沧桑感（图7-40至图7-48）。

第二部分　石榴盆景、盆栽的关键技术 • 163

图7-40　老干扦插而成，茎部粗约9cm

图7-41　主干僵直无变化，下部枯死，用破杆剪去除部分

图7-42　用打磨机把皮层下部木质去除，形成凹陷，使皮层变薄

图7-43　用两根4号铝线附丝，可防止整形过程中突然断裂

图7-44　用黑胶布（帆布）缠绕，以保护皮层

图7-45　枝条着力点用双木片保护，防止牵拉时损坏皮层

图7-46　粗约4cm的分枝破干易于调整

图7-47　调整后的盆景：粗铝丝固定在盆下部，缓慢把主干牵拉到位；顶枝向上调整

图7-48　成型后的效果

（实践人：张忠涛）

六、嫁接补枝

1. 接枝

①春季新芽萌发前，在接枝部位，切至木质部。②截取石榴一年生旺盛枝条，保留一两个芽，并用嫁接刀斜切。③插入切口。④缚紧塑料带，防止雨水污染切口。约20天后，接穗新芽生长3cm以上时，拆除绑扎物。

2.靠接

①预先留的接穗（用树下部或另一石榴树之健壮枝），确定切口部位后，将接口左、右各切一刀至木质部。②将接穗两面各削一刀。③皮层对齐后插入（注意形成层的吻合）并缚紧。④约1年之后生长密合，剪去下部。

3.芽接

①从健壮枝条上削取即将萌发的接芽。②在嫁接部位切"T"字形口，撬开皮层。③插入接穗。④扎缚紧密，20天后拆扎带。

七、展叶隐枝

靠接补枝是因为枝少或无枝，而展叶隐枝则是因为枝多或枝与干比例不协调。石榴桩在育桩时，为了促其成活，一般都将原有的树干截短或一次性切除，仅保留大体的"骨架"，培养成活后，让其在桩体上重新萌发新枝，使用这些新枝进行造型。而为了使主干与新枝的比例协调，就需要花费很长时间培育。为了缩短景的成型时间，把与主干比例不协调的侧枝、粗度达不到要求的枝干，通过弯曲蟠扎，有意识地把枝干藏于叶片之中，并用侧枝上生长的分枝和细枝的叶片掩盖住桩体上的出枝位置，使枝干上的叶片充分展现在桩体的有关位置上，尽最大可能地使用叶片来进行构图。把人们的视线吸引到叶片上来，让人难以看出枝与干比例失调的缺陷。但在养护中，要注意加强培育和保护好分枝、细枝，并控制枝条徒长，适时摘心。制作中要使叶片相对地集中，形成叶丛，以一层层浓厚的"叶被"掩盖住主干上的侧枝。

八、处理好顶端优势与整体造型的关系

上下枝条同时修剪，上部枝条增粗快，下部枝条增粗慢，与下部枝条相对粗、上部枝条相对细的整体树形要求相反。如不剪短上部枝，会使下部枝停止生长形成枝尖。剪枝时应先剪上部枝，过一段时间后剪中部枝，再过一段时间再剪下部枝。利用顶端优势可促进或抑制枝的生长。

1.促进重点造型枝的生长

桩景中的第一枝、飘枝、探枝、拖枝、跌枝、泻枝等是重点造型枝。这类重点造型枝往往需要长枝，但出枝点往往又不是处在生长势最强的地方，就需要人为地干预，促其长长增粗。为达此目的，可以采用抑制周边其他枝的长势来实现，在技法上可采用剪、扎、吊结合的方法。

2.改造不到位枝

在桩景布枝造势时，一些枝出枝点往往不到位。这类不到位的枝有相当部分可以改造利用。主要有两种情况：①借用主干上距理想枝位邻近的另一健康侧枝，将其拉弯到理想枝位，再使其向空间伸展。这种补位枝也需要长枝，不到一定时候不要修

剪，充分利用顶端优势长长增粗，使枝干和谐搭配。②前枝、后枝和顶心枝的改造利用。为使前枝、后枝的出枝方向能偏离正前方和正后方，距主干不远处短截，作为第一节，在第一节后的承接枝要改变其走向，而且这类枝需要控制长度，多发侧枝，使枝片丰满。顶心枝在石榴盆景造型中属忌留枝，如有必要保留，除了改变其为左右走向外，还要改其为仰视或俯视枝。主要方法是通过切除顶端，解除顶端优势，促其侧芽萌发生长，以达到控制枝的长度、改变枝的走向和缩短枝的节间距离的目的。

九、不良枝的处理

（1）对病虫枝、枝端无生长点的细弱枝、对生枝要根据造型的需要剪除。

（2）对同方位走向平行的枝，要下拉向左或右旋转一定角度。如系无法拉弯的老枝，应剪去一枝。对贴绕树干的贴身枝、角度过小的枝，进行顺直绑扎，改造成下垂枝，或改造成上扬枝，无法改造时要剪掉。

（3）自然生长的、与大多数枝的走向相逆的枝条，可以改造成风吹枝、平垂枝。对轮生枝，可剪去无用枝，改造成上短下长的两枝。

（4）上下重叠枝，可把上枝剪短拉向一边，下枝放长或剪去，只留一枝。要剪除生长在干的内弯部、干枝交叉部丫间的腋枝，使造型美观。

（5）将顺主枝方向着生的脊枝拉向一边，可以丰富枝条的内容。对着生于干和主枝上的直立徒长枝，用金属丝扎弯改变生长方向，可以使造型趋向美观。

十、大飘枝的造型

有意将飘枝蓄到一定粗度时截短一些。为了让飘枝粗细有变化，再次截短、掉拐。经过多年培育造型的飘枝，其枝有一定曲折变化，比直枝更美。

十一、结顶枝、点枝的造型

结顶枝可以是一枝结顶。多枝结顶也是很好的表现手法。结顶主枝的走向最好是侧向观赏面，在树干适当部位安排一两个点枝。

石榴盆景枝条放养的实践

盆景跟其他收藏品不同，它是不断生长变化的，随时间的流逝，几年，几十年，它会给你不一样的光景。时间是雕刻家，它不断给富含生命力的盆景进行造化。独特的雕刻，让盆景富有年功，让根盘更完整，枝干过渡到位，整体协调丰满，不断生长数年的光景，不是造型手法能改变的。石榴盆景的桩材大多是野生下山桩或果园淘汰桩，进行矮化锯截栽植成活后，在截口或粗大的树身上发出的芽，与树体、树枝的粗度不协调。因此，就需对枝条进行放养。石榴等果树的放养分地养或大盆放养。放养的方法是定向培育、肥料促进、牺牲枝的合理运用、枝条平衡生长等。

定向培育

即枝条按需要的方向角度生长,对桩材放养时,需对枝条蟠扎或牵拉到位。如不进行造型干预,枝条多直立生长,无观赏价值。当枝条粗度长到预想粗度的80%～90%时,可进行锯截进行第二级枝的控育。有的枝条可一级、二级枝条同时放养,待粗度合适时进行短截,截后对后一级枝条再蟠扎放养,一般一、二、三级枝条长合适后可上盆培育小枝、细枝了。

肥料促进

放养的桩材在地栽或大盆内生长需较多水分、肥料。在树种耐受程度内,适度加大肥料用量及次数,以满足生长需要,生长期可15天左右施肥1次。

牺牲枝的运用

桩材栽植后,蟠扎的枝条上长出很多壮枝,在其不太密的情况下应多留,让其充分生长,利用光合作用制造较多养分,促进枝条增粗、截口愈合及皮层加厚。到冬季休眠期,可适度将新生枝修剪掉50%左右,以利枝条、小枝分化成花芽,萌生新芽以供来年生长。

枝条平衡生长

枝条由于受顶端优势等影响,下部枝条长势缓慢,为使枝条平衡生长,需抑制上部枝条生长,给下部枝条创造更多的生长空间。待生长1～2个月后,将上部枝条截短,去稀,让下部枝条见光通风快速生长。顶枝或个别枝达到一定的粗度时,可一年多次修剪,让另外的枝条放开生长,待枝条都到位以后,即可上盆培养(图7-49至图7-51)。

图7-49 盆景桩在简易棚内放养20余年(李涛作品)　　图7-50 20余年放养桩落叶状态(李涛作品)　　图7-51 20余年放养桩修剪状态(李涛作品)

(实践人:张忠涛、李涛)

第六节　树冠蟠扎定型

树冠是树形骨架的终点，它的形状决定桩景的整体精神面貌。它总是能平衡统一整体，起到画龙点睛、突出形象特征的作用。不管树形如何变化，大部分树冠都是向上生长的。即使斜干式、卧干式、弯干式、曲干式也都如此。且树冠的位置要与树干倾斜、弯曲的方向相反，主干向左倾斜（卧、弯），树冠和顶部枝叶应适当地向右偏移，并与下部枝干相呼应，求得构图上的和谐统一。石榴盆景树冠的造型，主要有以下几种。

1. 扇形

树冠底边呈放射状，由两边向上呈锐角的射线与上圆弧下压相结合。它的底边虽对称但不平稳，形成左右摇摆状，使动感油然而生，其造型具有轻松活泼、俊逸简洁的特点。

2. 半圆形

树冠底边呈水平线，上部呈半圆形，使形象沉着平稳。这是由于树冠底边左右向力的平衡与上圆下压的力向之间相互作用使然。

3. 伞形

树冠呈伞形，底边圆弧与外冠圆弧方向一致而与主干向上趋向相反，使整体有向上飘浮之感，因而使主体显得轻盈、飘逸。

4. 三角形

树冠虽有平稳的水平线底边，但结合上部两斜边成三角形，又与下部的树干合成箭头状，使重心摇摆不定，打破了原有的稳定视觉，所以仍然显得轻松活泼、积极向上。制作这种形状，要注意制成不等边三角形，以免显得呆板、僵硬。三角形树冠要求下大上小，底张顶缩，所以在造型中要抑制上部枝条的顶端优势，在"缩"字上狠下功夫，从粗到细缩得快，节距要缩得短，树片要缩得密，这样才能创造出自然苍古遒劲的树冠。

5. 平顶形

冠顶呈水平状左右扩张，与下部树干的纵向力，形成纵横相接的"T"字形，如飘浮的云朵，具有简洁、飘荡、轻快的风格。

6. 云片形

主干结顶枝及主侧枝，通过剪扎，均制作成平顶形状，即形成云片式冠。树冠的营造培育，可采用"截干蓄枝"法，将主干上部无用部分截除，留用顶部侧枝，并选择一较粗侧枝矫正为直立顶枝，利用该枝营造好树冠。

主要的技法，一是放，即充分利用顶端优势培养出强劲粗壮的枝条；一是收，即运用重剪和及时打顶的技法，解除顶端优势，抑制枝条生长。但要注意的是石榴盆景树冠的修剪，不仅要考虑造型的需要，而且还要考虑开花结果的需要。通过修剪，调节树的生育状况，控制旺盛生长，使树体强缓和，弱转强，控制局部生长，改变枝类的比例和营养状况。使各类小枝都能充分利用光照，达到营养的再分配，让该成花的枝开花，该结果的枝结果。修剪就是要实现每个枝条应占有的相应空间和方位，特别是树冠内膛的枝应有它充分的空间和足够的光照。一般平斜下垂的枝更易于早成花，所以要分清各类枝的情况，通过修剪的手段加以调节，使之轮流结果。同时，通过修剪可以更新枝条，协调各类枝条的比例。

小中见大的嫁接石榴盆景过程的实践

石榴品种丰富，分为食用石榴、观赏石榴。其中观赏石榴又分为乔木类观赏石榴和微型观赏石榴。微型观赏石榴俗称为"小石榴""看石榴"，其他俗称为"大石榴"。用生长多年的大石榴老桩制作盆景具有树干苍劲古朴等优点，但也存在着叶片较大、果实较大等不足，不能以小见大、表现参天大树的气势；若用小石榴制作盆景，虽然叶片细小，坐果多，但树干较细，不苍老，也达不到"小中见大"的艺术效果。而用小石榴的枝条作接穗，大石榴老桩作砧木进行嫁接，则融合了二者的优点。其粗大的树干与细小而稠密的叶片、玲珑的花朵、不大的果实对比强烈，颇有老树风采（图7-52）。

嫁接

（1）砧木的选择与养护。用于制作盆景的大石榴树桩应选择那些根、干形态奇特、苍古虬曲的植株。一般在春季的2~4月上盆栽种，上盆之前要根据树势和以后造型的需要进行修剪整形，并视失水情况，将树桩在清水中浸泡1~2天后，栽入大而深的瓦盆"养桩"。盆土应根据树桩的新鲜程度和根系完好与否而定，根系完好的树桩采用疏松肥沃且排水良好的土壤栽种，采挖时间过久、根系损伤的植株宜用排水、透气性良好的素沙土栽种，以保证成活。新上盆的植株放在室外避风向阳处养护，如果条件允许，最好能把花盆埋入地下。平时经常向树干喷水，但土壤不宜过湿，保持湿润即可，寒流来时要罩上透光的塑料袋防寒。生长季节可适当施些腐熟的稀薄液肥。新栽的树桩当年树身和基部都会长出很多枝条，不必管它，任其生长，以使植株通过叶片的光合作用制造更多的养分，促进根系的生长，等冬季落叶之后再将多余枝条除去。

（2）接穗的选择与繁殖。用作接穗的小石榴应选择习性强健、长势旺盛、叶片细小光亮、易开花、易坐果、果实形状端正、色彩鲜艳的品种，像'月季石榴''墨石

《秋艳》（张忠涛作品）

《古韵情深》（张新友作品）

《秋实》（梁凤楼作品）

《丰硕》（贾继亮作品）

图7-52 嫁接实例

榴'等。其中的'月季石榴'植株矮小，花多为单瓣，花色有红、粉、淡黄、白等颜色，果实成熟后有红、黄等颜色，在适宜的环境中一年四季可不断地开花结果。而'墨石榴'植株不大，花红色，果实黑紫色。小石榴的繁殖可采用播种、扦插和压条等方法。

（3）嫁接方法。桩材成活的第一年应培养壮枝，第二年进行嫁接。通常采用劈接、靠接的方法嫁接。

劈接：也称"苦接"，是石榴嫁接的主要方法。在3~4月萌芽前或刚刚萌芽时进行，选取砧木上的一年生粗壮枝条，在合适的位置截断，在其截面的中间纵切一刀，深度1~1.5cm，接穗选用优良品种观赏石榴的一年生枝条，其下部两边各削一刀，使其呈楔形，然后插入砧木的切口内，注意形成层的对齐，然后用塑料条或麻布绑扎好，为了保湿保温，还可用透明的塑料袋将接穗罩起来。

靠接：多用于劈接嫁接失败后的补接。在5~8月的生长期进行，将砧木与接穗各自植株靠近，选取两根粗细近似的枝条进行嫁接，在其容易靠拢的部位，将二者枝条结合处各削等长的切口，深近中部，然后相靠，对准形成层，如果两者切口宽度不相等时，应使一边形成层对准，使其削切面密切贴合，并用塑料条扎紧，伤口愈合后将接穗剪断，与母株分离，即成为新的植株。

嫁接成活的石榴，应及时抹去砧木上的萌芽，以集中养分，供应接穗的生长，使其生长旺盛，经过1~2年的养护，等枝盘基本形成后进行盆景造型。

造型

嫁接石榴的树干可根据树桩的形态，制作直干式、斜干式、曲干式、临水式、卧干式、悬崖式、枯干式、双干式、丛林式等造型的盆景。还可将树干加工成舍利干；并进行提根，将部分根系提出土表，这些措施都是为了增加作品苍劲古朴的韵味。

嫁接石榴盆景的树冠可采用自然式、垂枝式、馒头式、云片式等造型。无论什么形式的树冠，都要做到疏密得当、层次分明，切不可杂乱无章。

（1）自然式。所谓自然式就是将石榴的枝叶修剪成高低相间、疏密有致的树冠，这是石榴盆景最为常用的树冠造型。这种树冠与下垂的果实自然和谐，适合制作直立型、大树型等树桩较高的石榴盆景。如果在悬崖式树桩上采用这种树冠，就要注意将每一个侧枝也修剪成疏密有致、高低相间的形状，以求侧枝与果实的统一。

（2）垂枝式。就是通过蟠扎的方法使枝条下垂，使之与下垂的果实相得益彰，以表现纤弱的枝条被累累的果实坠弯下垂的景象。

（3）云片式。也叫圆片式、云朵式，是植物盆景的传统造型，利用某些种类的植物叶片细小稠密的特点，采用修剪与蟠扎相结合的方法，将树冠加工成大小不一的云片状，其特点是规整严谨，但如果使用不当，难免给人以呆板的感觉，而且也失去了植物的物种特色，看上去千篇一律。就石榴盆景而言，其云片不宜制作得像五针松、黄杨那样扁平而规整。应做到片与片之间通透自然，既和谐统一，又有一定的变化，避免僵硬呆板。其红艳艳的果实若隐若现于绿叶丛中，颇有参天大树之感。

（4）馒头形。也叫蘑菇形，树冠外轮廓线圆润流畅，呈半圆形，像个蘑菇或馒头，其内部枝丛较为密集，并有一定的层次。就嫁接石榴而言，其上下比例应比其他树种的蘑菇形的上下比例略高一些。以使树冠与下垂的果实自然和谐。

（实践人：兑宝峰）

第七节　配植创作技艺

一件石榴盆景的优劣是由诸多因素决定的。有的是单株成景，有的是两三株甚至多株组合成景。因此，植株之间相互的协调及枝、干、叶之间的协调，是非常重要的。

一、统一

这里的统一是在变化中求统一，在统一中求变化。在大多数情况下，一件石榴盆景宜用一个石榴品种来制作，这要比用多品种制作更容易形成统一。如果用多个品种制作一件石榴盆景，处理不好容易形成"拼盘"，给人以花哨和杂乱的感觉。

二、比例

要处理好整体与部分之间、部分与部分之间对称协调的关系，景物自身之间、景物与景物之间、景与盆之间的比例关系。一般树干部短、枝叶部长，比例适宜；而树干部长、枝叶部小，比例也合理；但树干部与枝叶部基本等长，就显得呆板。要尽量避免冠幅直径与树高相等。盆长、枝展宽、树高三者的比例为1∶1.2∶1.4较合适。盆长、枝展宽和树高比例为1∶2∶1也行。盆长、枝展宽和树高比例为1∶0.6∶0.8盆过大不美，视觉也不均衡。圆形盆临水式石榴盆景，盆径、枝展和树高比例为1∶3∶1.4，盆小树大，比例失调。

树干在盆中的位置，宜偏右或偏左，留出视觉空间。如树木栽植盆中央会显得过于平淡。

三、均衡

这里指人们所见景物在经验中的均衡，如树木的主干是渐变还是突变，树木枝干重心在内还是在盆外等，都属均衡范畴。

1.树干的变化

树干和枝叶下重上轻，收尖渐变，是好的均衡姿态。树干突变，树干中部粗于基部，是不美的姿态。

2.主景与配景的均衡

主景重、配景轻，是好的姿态。左侧树木粗壮但形矮，非主树形态；中间树木高而细，作主树分量不足，不均衡。

3.重心要稳，稳中求险

整树重心在盆外，视觉上似要倾斜。全树重心在盆内，给人以均衡感。

四、呼应

呼应，也叫照应，是通过景物之间的相似处理、相互顾盼的手法，来加强景物各部位之间的联系。树木大部分枝叶同向呼应，有一种运动感。相向呼应，有从两旁向中间运动的感受。

五、对比

为了使石榴盆景中的主体景物更完美，运用形、质、色、势的对比手法，强调视觉效果。

粗细、高低对比在3∶2左右较适宜，符合黄金比例。避免相差过大、高低不分。主从对比，要求立主从依、主高从矮、主粗从细。

曲直对比。干直枝曲，显得景物生动，效果好。干曲枝直对比亦佳。直干中有曲干，对比协调。曲干中有直干，显得活泼。

六、藏露

藏露是利用显露的部分，将欣赏者的注意力和想象力引导到景物的隐藏部分，以扩大境界的范围，挖掘意境的深度。树干的前、后、左、右均必须有枝或枝片，不宜将干从根到梢暴露无遗，所谓"见干、见枝、见叶"是时现时隐，有露有藏。

过露与过藏。前后无枝叶上部只有一结顶枝，树干左右各有两个枝叶组，树干几乎被枝叶遮掩，显得臃肿肥厚。

七、聚散

利用聚散构成不等边三角形关系，使景物充分地展现其自然美。局部有聚有散，整体也有聚散，布局合理。虽整体有聚有散，但一侧局部过于规整，显得呆板。虽局部讲究了聚散，但整体形成两部分，此种布局也不好。

八、节奏

节奏是由景物的各种可比成分连续不断地交替组成的，它是韵律的主要表现形式。

曲折节奏，树干弯曲度，由根至梢，由缓到急，或先急后缓，两种形式均可。

疏密节奏，从树形的总体来观察，枝片（组）下疏上密才符合自然规律；枝与枝之间的关系，应有一些枝形成一片（组）显得密，一些枝间隔较稀，显得疏；疏密相间，疏疏密密才有变化，有节奏。

临水式石榴盆景制作过程的实践

2016年6月23日，第二届中国盆景高级研修班暨第二期盆景制作技师培训班在江苏沭阳举行，期间笔者对一盆石榴桩材进行创作。这盆石榴桩材，粗15cm，双干斜栽。按常规一般会把它做成双干垂枝式，但为表现其动态感，笔者尝试着把它做成近临水式（图7-53、图7-54）。

图7-53 桩材正面

图7-54 桩材反面

调相处理

将原盆双干下部用木块垫高至适当位置，使呆直无力的主干趋于挺顺自然，副干上扬便于做弯（图7-55）。

拿弯

这盆桩材制作难点是底枝的拿弯处理。石榴枝干生硬，拿弯时极易折断，况且5cm粗度，下部1/3枯死，给拿弯带来一定困难（图7-56）。为防止折断，将拿弯处枯死部分用凿子把木质剔除，用两根5号扎丝顺干固定至着力处，再用胶布缠裹好，用整枝器慢慢将干压至适当位置固定。

蟠扎

遵循互让互盼的理念，副干枝条除顺势延伸外，顶部略向主干伸展。主干冠的枝条适度低垂，不压抑副冠为准，结顶要趋于自然，背景枝不宜过重，否则，景致不深，重心不稳。缚丝后必须把较粗的枝条稍旋转，这样不易断裂，使其柔软后，再慢慢蟠扎到位（图7-57）。

石榴盆景与其他类盆景的区别在于，除形体美外，还要考虑结果，因此，蟠扎以引领枝为主，一般枝顺从，不必枝枝蟠扎，这盆普通的桩材通过调相、拿弯、蟠扎，骨架基本形成，双干、双冠互为一体，比例适当，有较强的动感（图7-58）。

图7-55 顶枝局部

图7-56 底枝去除部分木质，粗5cm

图7-57 桩材整枝背面照

图7-58 完成后的正面照

（实践人：张忠涛）

第八章
 石榴盆景的养护管理

第一节　土肥水管理技术

一、浇水技术及涝害的处理

盆土既要提供树木生长所必需的养分、水分，又要提供根系呼吸所需的空气。长期过量浇水使盆土内缺乏空气，而影响根系的呼吸、生长和吸收，甚至造成烂根死亡，即出现涝害。

1. 浇水是最常做、又不易掌握的盆栽技术

盆土水分的散失主要有植物蒸腾、土壤表面散失和盆壁散失三个途径。植株的大小、温度、湿度和光照都影响蒸腾量，温度、湿度、风力则是影响土表和盆壁水分散失的重要因素。素烧盆的盆壁散失量有时高达盆内含水量的30%，而瓷盆、釉盆和塑料的盆壁散失则很少或基本没有。因此，浇水量的大小、间隔时间的长短，应根据以上多种因素综合确定。例如同一株石榴树在夏季旺长期和秋季停长后以及冬季休眠期本身所需水分差异极大；又如，房屋的阳台干燥多风，盆内水分散失快，除多补充水分外，最好在阳台上洒水或在盆下铺沙、草垫、泡沫塑料等吸水物，创造较湿润的生长环境。

2. 浇水应掌握"见干见湿""浇则浇透"的原则

因为浇水后的盆土孔隙为水分所充塞，空气被大量地排出土外而影响根系呼吸，不待盆土变干即浇，每次浇水间隔时间过短，盆土长时间处在过湿缺氧状态下，易发生涝害。因此，要待盆土发干变白时再浇水。如果每次浇水量不足，形成"半截水"，下半部盆土久不见水，即成干硬状，其中的根系自然干枯死亡。浇"半截水"的盆树，表现为地上部生长衰弱。脱盆检查时，湿润土与干硬土自然分离，上半部湿润，土连同根系可顺利脱盆，而下半部土壤干硬，黏结于盆底。因此，浇水要浇透，保持盆土上下湿润一致，其相对含水量一般在50%～90%。

3. 涝害及处理技术

盆土的通透性不良和盆孔的阻塞极易造成涝害。涝害多发生在雨季，其表现是，地上部生长衰弱,叶片发黄、发淡,暗而无光泽,下垂无力;在盆土尚湿润时,幼枝嫩叶虽未见强光而蔫。取出土坨检查,很少有白色新根发生,大量根系腐烂变褐;盆底阻塞时,往往下半部根系全部死亡,上半部尚有少量新根发生。

对于发生涝害的盆树,应整坨取出盆外,置阴凉通风处,使其土内水分迅速散发,同时向叶片喷水,防止叶片缺水脱落。待土坨变干,新根发生时再重新装盆,此后仍置半阴处,多喷少浇,待叶片恢复即说明新的吸收根已大量发生,即可正常养护。

石榴盆景浇水的实践

自然界中的石榴树比较耐旱。而作为石榴盆景,由于受盆体、放置环境等因素的影响,加之除满足其正常生长外,还要开花结果。因此,水分管理尤为重要。石榴发芽前后,是植株萌发生长孕育蓓蕾期,此时需水量较大,要及时浇水,否则,养分不能有效输入,影响花蕾的形成。花期与幼果期要适时浇水,不宜过干过湿,盆土干湿度掌握在6成左右为宜,不然将造成落花落果。石榴盆景结果后,因其负担重,在及时浇水的同时,应不定期添加少量肥料,以补充养分,满足其生理需要(图8-1)。

图8-1 浇水

盛夏高温时,中午亦可浇水。有人担心气温高水凉对植物生长不利,其实植物有适应性,水有助于降低盆土温度,补充叶片所需水分,对生长有利。

小型石榴盆景,可放于沙床上,利用其盆底"偷生根"吸水,以补充其所需水分。还可把小盆放入大水盆或水桶内浸盆,让其充分吸水后再放于沙床上。

石榴除根部吸水外,叶片、树干也可吸水,初植新桩,天气干燥时,可往树上喷水,以冲掉表面的灰尘,利于植物恢复及生长。

石榴盆景干旱时,嫩叶、嫩芽因脱水萎垂,这时应轻度及时浇水使其恢复。严重时,可放于水盆内浸水2~3个小时,使其充分吸水后,再放于阴凉外,并多次喷水即可恢复。更严重时,应把植物枯死的枝叶全部剪掉,减少水的需求量,或放于阴凉处,不断喷水,让其慢慢恢复。

石榴盆景秋季快落叶前,可适度"扣水",即适度减少浇水次数,让盆土稍干一点,有利于来年开花结果。

石榴盆景冬季落叶后,盆土应保持湿润,太干易受冻而损伤。如放于温室或室内,要经常检查盆土湿度,干即浇,浇即透。如下雨天,水量大时,应检查排水情况,以免积水而烂根。个别透水不好的,可把盆倾倒让其排水。下小雨时,盆土表面虽潮湿,下部仍处于缺水状态形成"悬水",仍需浇水。总之,石榴盆景浇水,一定要遵循适度浇水的原则,满足其生长需要。

(实践人:张忠涛)

二、施肥技术

石榴树在盆内全年生长结果所需养分仅靠有限的盆土远远不能满足,大量的养分要靠生长期追施(图8-2)。

图8-2 施肥

1. 盆内追肥

盆内追肥原则是薄肥少施，防止施肥过量造成肥害。春季旺长和秋季养分积累期多施，夏季防止徒长少施，冬季休眠不施；含肥量丰富的新土少施，多年生未换盆的旧盆土应多施。施肥应在晴天进行，雨季追肥易造成肥料流失和肥害。

常用的肥料有发酵后的饼肥或人粪尿。方法是先加少量水和干肥在容器内充分发酵，而后稀释浇灌。施用浓度为200倍左右，即1kg干肥浸泡200kg水。在碱性土地区，可在发酵过程中加入相当干肥1/10左右的硫酸亚铁，使之与肥料共同发酵。

化学肥料肥效快，缺点是营养单一，可多种元素配合使用，例如尿素、过磷酸钙、磷酸钾的配合或交替使用，使盆内大量营养元素均衡齐全。此类化肥的使用浓度为0.1%～0.3%较为安全。

2. 根外追肥

根外追肥能溶于水，对叶片和嫩梢不产生危害的肥料均可用于根外追肥。例如尿素、过磷酸钙、磷酸钾、磷酸二氢钾和草木灰浸出液、腐熟人粪尿或饼肥的上清液等有机肥。此外，在促花、促果和纠正缺素症等措施中，也常用喷施微量元素的方法。例如，花期及幼果期喷硼一两次，有促进受精和促花促果的作用。硫酸亚铁的喷施可防治缺铁黄化症。

根外追肥主要通过叶片表皮的气孔吸收，叶片湿润的时间越长吸收的时间越长，效果越好。因此，喷施的时间应选择空气湿度较大的早晨、傍晚、阴天或雨后进行，避免中午喷施。喷施时应注意对叶片背面喷匀。

根外追肥应与土壤施肥配合才能获得理想的效果。可选用单一肥料，也可几种肥料与农药、激素混施，但应注意是否能混用。

第二节　石榴盆景的修剪

石榴在盆内每年生长量比较大，如放任生长其结果情况也难以控制。为保持完美、紧凑的树形，有效地控制生长结果，每年要进行多次修剪。

一、冬季修剪

可从晚秋落叶开始到萌芽前进行（图8-3）。

1. 修剪方法及作用

（1）短截。即剪去一年生枝的一部分。短截程度不同，翌年生长、发育的差异很大。

轻短截：只剪去枝条先端的一两个芽。此法对枝条刺激作用小，有利于促生短

图8-3 冬季修剪

枝,提早结果。由于所留枝条太长,易造成树形过散,在石榴盆景上很少采用。

中短截:在一年生枝条中部饱满芽处短截,此法壮芽当头,长势旺壮,适宜生长势较弱或受病虫害危害较重的弱树。对中短枝结果的品种,此法会延迟结果,且形成过旺枝条扰乱树形,应慎用。新上盆的幼树为增加枝量和整形,可用此法,其截留长度常依造型需要而定,此后需配合促花措施或整形。

重短截:在一年生枝下部不饱满芽处短截。剪口芽发枝较弱,停长较早,有利缩小树体,能有效地控制树冠,促生中短健壮枝。

极重短截:在一年生枝基部留一两个瘪芽处剪截。翌年可发弱枝。此法可降低发枝部位,明显缩小树体。

(2)缩剪。又称回缩修剪,是指从多年生部位剪去一部分,此法对整树具有削弱作用,可有效地控制树冠扩大。轻度缩剪且留壮枝、壮芽当头,可促进生长。重缩剪和弱枝带头则抑制生长。

石榴以短结果母枝抽生结果新梢结果,在幼树时期常采用先放后缩的促果、整形办法,即先轻、中短截,待下部分枝成花后再回缩至成花部位进而整形,从而达到早结果、早成型的目的。

(3)疏剪。是指从枝条(一年生或多年生)基部剪除。疏剪可减少枝量和分枝,削弱树体和长势,有利于盆树内的通风透光和花芽分化。由于疏剪的剪口使上下营养运输受阻,造成剪口以上疏枝受抑制而容易成花,剪口以下生长有促进作用。疏剪多用于成型树中生长过密枝、冠内细弱枝、过直过旺枝和影响树形而难以改造利用的枝条。石榴需要注意应多疏除过强枝。局部枝多时，可先拉后疏，防止疏枝过多，造成盆树的空、散、弱。

（4）拉枝。是将旺长和不易成花的枝条拉大开张角度，改变其极性位置和先端优势，控制旺长，促进成花。

拉枝也可在疏枝季节进行，应先将枝弯到预定的方向或角度，而后选择着力点并用塑料绳等固定。

2.休眠期修剪的注意事项

（1）修剪时期。家庭或少量盆景生产，最适修剪时期是初春解除休眠后至发芽前进行。因为冬季修剪过程中时有枝、芽被碰伤的情形，多余的枝条可起到保护作用。精细的修剪之后，枝芽均已确定，一旦受损，难以弥补。

（2）各种修剪方法的合理应用。修剪时，要认准花芽、花枝以及预计的成花部位，尽量使结果部位紧靠主干和主枝，使树冠丰满紧凑。初结果的树往往发芽数量少，应尽量保留利用。经一年结果之后，树势即可缓和，成花量亦增多。花量较大时，可疏除部分花芽，使之按造型的需要合理地分布。

（3）修剪应与造型、整形紧密配合。每一剪子均应考虑其开花结果和造型形态。需要指出的是，石榴盆景的形态每年甚至每季均可发生较大变化（包括果实、当年生枝、每年的结果部位等）。而其基本造型一旦确定，即应逐年延续、完善发展。为避免出现不合理的修剪与造型相违，修剪时，可先根据造型的需要对整体进行弯、拉处理，确定骨干枝或必留枝，去掉扰乱枝，最后处理其他枝条。"先整体，后局部；先定型，后定果"是石榴盆景修剪（包括夏季修剪）过程应遵循的原则。

（4）休眠期修剪常与换盆相结合。由于换盆过程进行根系修剪时伤根较多，地上部修剪须相应加重。操作的时期不宜过晚，最好在秋季落叶后进行，以提早恢复根系，待春季萌芽时已发多量新根，使当年的生长发育完全正常。

3.生长期修剪（夏季修剪）

生长期剪掉部分枝、叶，便减少了有机营养的合成。同时由于修剪刺激造成再度萌发，加大了养分的消耗，因而对树体和枝梢生长有较强的抑制作用。此时修剪量宜少，且针对旺树、旺枝，运用得当，可调节生长结果间的矛盾，有利正常生长发育提早成花（图8-4）。修剪方法及作用如下：

（1）摘心。即对尚未停止生长的当年生新梢摘去嫩尖。摘心具有控制枝条生长、增加分枝、有利成花的作用。摘心不宜太早，否则所留叶片过少，会削弱树势和枝势。

（2）扭梢和折枝。将当年生直立枝长到10cm左右、下半部木质化时，用手扭弯，使其先端垂下或折伤。由于枝条木质部及皮部受伤和生长极性的改变，有利缓和生长

图8-4　夏季修剪

和成花。

（3）环割。在枝、干的中下部用刀环状割一圈或两圈，深达木部，但不剥皮。春季环割可使中短枝比例增加。4月下旬至5月上旬环割可提高坐果率。

（4）疏枝和抹芽。生长季疏枝对全树生长具有较大的削弱作用，仅在过密的旺树上使用。为避免过多浪费养分、削弱树势，疏枝宜早进行，也可提早进行抹芽和除萌。

（5）拉枝和捋枝。指将直立生长的枝用绳拉平或用手缓慢地捋弯。捋枝作用是因输导组织变形受伤和极性改变，从而达到控制生长，促使后部发枝，提高内部营养积累，促进花芽形成。

（6）花期修剪。休眠期修剪时，常因花芽不能确认，所以多留一些花芽，留待春季花前或花期复剪。此次修剪的目的主要是定花、定果。如花枝过多，可部分疏除。

（7）售前修剪。为保证果实发育的需要，生长季需保留较多的枝条和叶片留待休眠期修剪时处理。有些枝条的方向、长度位置均不适宜，影响整体的造型。秋季盆内果实较多，作为商品或展品出圃之前，应对上述枝条予以短截，以提高观赏效果。此外，由于盆树较小，结果较集中，有的果实被叶片遮掩，可适当摘除叶片，以前部果实充分暴露、后部果实显露一半为适，摘过多，反失自然。

夏季修剪的目的重在调节盆树生长与结果的关系，各项措施的运用常对营养生长不利。因此，总体要恰到好处，防止过重造成生长衰弱。在实际运用中要因树而异，多用于结果的强旺树，慎用于病、弱树。必须根据盆树的表现，促控的需要，采用一种或几种，一次或多次的修剪措施，才能取得良好的效果。

提高石榴盆景坐果率的实践

石榴盆景属于果树类,应遵循果树的生长规律,满足其生长发育、开花结果的要求。应先养好枝条,使其形成足够的花芽,才能孕育出更多更好的果实,这是个系统过程。石榴落叶后,需1个月左右的低温休眠时间,需冷量不宜太大,一般0~7.2℃,20天即可完成。

石榴一般在2年生的枝条上长出花芽,1年生枝条顶端如营养充足、光照好,也可形成花芽。

石榴树芽分为3种:花芽、叶芽、混合芽。花芽是指往年的枝条上,由4~7片叶子包裹的短粗芽,可开花结果。混合芽是往年生枝条上长出的中等大小的芽子。混合芽有两重性,营养不良可长出叶芽,叶芽不开花;营养太旺盛(短截或极短截造成)又形成徒长枝,明条上长出的芽子不开花。只有在营养合理、长势中庸状态的情况下才形成完全花芽。混合芽,一般开成不完全花(又称荒花、尖尼股花、钟状花、败育花),坐不成果,或形成叶芽。所以要想多结果,应先让枝条形成足够的完全花(又称筒状花)。只有合理修剪,充足肥水,足够的光照,才有利于发育完全的花芽。花芽一般在小枝上,所以石榴盆景不宜像杂木类盆景一样修剪,否则不形成花芽(图8-5至图8-7)。

图8-5 不完全花,也叫钟状花,花后脱落

图8-6 完全花,也叫筒状花,结果

图8-7 完全花结果状

枝条应采用摘芽、拉枝、扭枝、刻伤、环剥、短截、中短截、重截相结合的方法，去除树冠内过密枝、细弱枝、过直枝、过旺枝、交叉枝、重叠枝等，有利于盆树内膛通风、见光、花芽分化。应多疏除过强枝，局部枝条过多时，可先拉枝后疏枝，也不宜过多，否则内膛太空，树形太散，影响美观。

修剪可在一年四季进行，应与造型、整形相结合，逐年完善，避免不合理的修剪与造型，使之相互矛盾。先考虑造型的需要，让枝条到位，再考虑结果。确定骨干枝（主枝），去掉多余枝，再让小枝结果。遵循先整体后局部、先定型再定果的原则。花芽足够了，再根据造型需要短截、疏枝，年久枝过密可重新调整枝条。

冬季石榴落叶后，正处在休眠期，是修剪好时节，此时能判别枝条上花芽的分布与数量，把过长多余的花枝剪去一部分。如一根花枝上有一串花芽，可在中间短截，保留前部的花芽结果；如相邻的枝条都是花芽，可疏去过密的花芽。但冬季不可剪去太多枝条、花芽，因为花芽是否开花结果是由多种因素决定的，单凭花芽形态、数量等判断不一定准确，要留有余地，等花期时再看情况决定。

生长期可通过摘心、扭梢、拉枝、疏枝、抹芽、修剪的方法，平衡营养。光照有利于花芽形成，如光照不足会使叶色浅淡、枝条细弱，不易形成花芽。花芽形成后，应给盆树以充足的营养，应结合换盆换土施肥。石榴喜肥喜水，1年可施肥5~10次，以磷钾肥为主，多用有机肥、土杂肥（充分发酵的鸡粪、猪粪、牛粪等以及黄豆、豆饼、蹄片、动物内脏残渣等）。另外，生长期可喷叶面肥，有利于补充树体营养。如喷施尿素等，可使叶片肥厚、叶色绿、生长快；喷硼砂、磷酸二氢钾可利于花芽饱满、保果。石榴盆景小盆应2~3年换土1次，大盆4~6年换土1次。大盆如换土不方便，可于初春发芽时挖去部分土（1/3~2/3）。部分细根、毛细根断一些也无妨。换上土杂肥、腐殖土等配好的新土，以保证充足的养分，达到多发新根的效果。

石榴是多花树种，开花量大，几倍于坐果数量。坐果需足够的营养，营养不足会大量落花落果。要想得到适宜的花量、坐果量，除合适的水肥、修剪、光照外，还需采用人工授粉、疏花疏果，适当使用微量元素和生长调节剂等。人工授粉取发育成熟的钟状花，用手把花粉弹落到白纸上，用毛笔蘸少许花粉，轻点于筒状的花柱头上。授粉时间，一般在花瓣开放的当天进行。对花量大的钟状花，应进行适量疏花，避免过多消耗营养，提高坐果率。果农有多留一茬花、选留二茬花、疏除三茬花、年年可结果的经验。这样可结果大，果实布局均匀（图8-8）。

姜南作品　　　　　　　　　　张新安作品

图8-8　果大，布局均匀

（实践人：张忠涛）

第三节　石榴盆景的花果管理

石榴是多花树种，所开放的花量远远超过坐果能力。坐果需要良好的内外在条件，条件不足，就会落花落果。要获得适宜的、满意的花果量，除采取适宜的水、肥、修剪、光照等措施外，还要采取以下措施。

一、人工授粉

1. 采花和取粉

采花时要采含苞欲放的钟状花，采花量一般是花多的多采，生长弱的树多采，旺树和花少的树少采，树冠外围多采，内膛少采，均要采钟状花。距石榴园近的，可到园内大树上采花。取粉应在室内进行。将采下的花剥开花瓣，两手各拿一朵，花心相互摩擦，使花药落入铺好的纸上，然后除去碎花瓣、花丝和杂物，再把花药摊在纸上阴干。阴干花粉的环境要干燥、通风、无尘，并保持在22℃以上，温度高低与花药开裂散粉的时间成正比。花药不宜在阳光下暴晒，也不能烘烤，以免影响花粉发芽能力。花药经30~50小时会自然开裂散粉，散粉后用毛笔把花粉和花粉囊分开存放干燥、阴暗处备用。

2. 授粉

石榴的人工授粉采用点授。将花粉装在玻璃瓶中，用毛笔头插入瓶中，蘸少许花粉，轻轻点在盛开的筒状花的柱头上。授粉时间应在花瓣开放的当天进行（图8-9）。

第二部分 石榴盆景、盆栽的关键技术 • 185

图8-9 授粉

二、疏花疏果

疏花疏果是对花、果量大的树进行数量调整，使结果部位分布均匀，负载量适当，符合造型需要和美学要求（8-10）。

1. 疏花

石榴钟状花因败育而不能坐果，其数量大，消耗营养物质多，影响树体发育与坐果，应及早疏除。当刚一现蕾，能够分清筒状花和钟状花时进行最好。每10天进行一次。如果一、二次花坐果率高，可把三次花（包括筒状花）全部疏掉。当然，以观花为主的除外。

2. 疏果

有的石榴产区的果农有"多留

图8-10 疏果

头花果，选留二花果，疏除三花果，年年丰收结大果"的经验。头（次）花果生长时间长，成熟早，品质好。6月中旬以后，如一次花坐果数量多，可重点保留头花果，适当保留二花果，疏除三花果。当然，这主要是指可食用的石榴品种。如是花石榴，其果只供观赏，疏果则不必考虑是哪次花坐的果，而着重考虑果的数量和坐果位置，以此确定疏果的数量。

石榴盆景保果综合技术的实践

石榴挂果后随着生长发育，果实逐渐变大并着色，进入观果期。光照、水、肥、病虫害防治、气温等对石榴果实影响很大，应采取合理的综合养护措施。

适度浇水

石榴开花时，保持水肥均衡，防落果，不可太干，也不可太湿。石榴全天都可浇水，应及时观察是否需要浇水。一般土层表面七成干左右可浇水，不可干时再浇。否则，会引起大量落果。

疏除枝叶、疏果

石榴结果后，果实直径约3cm时应及时把紧贴果实的叶片、细小枝条剪去。下层过低的果实，可把所在小枝挂到较高的枝条上，也可用铝丝、绳等牵拉到适合位置，预防浇水时溅水，造成下部湿度大而烂果。果实过多时应及时疏果，以利于营养平衡，结出充实饱满的果实。

病虫害防治

应坚持"预防为主，综合防治"的原则，挂果后间隔约半个月时间喷一次杀菌剂，防止夏季细菌滋生而导致烂果。可与苯醚甲环唑、大生（代森锰锌）、信生、多菌灵、甲基托布津等混合喷洒。初期用大生防病，中后期用苯醚甲环唑、信生、甲基托布津防治。期间如有虫害发生，可加入杀虫剂。喷药时可少量添加尿素、磷酸二氢钾、硼砂等叶面肥，给树体补充养分。

转盆及转果

定期将花盆旋转180°，使向阳面和背阴面互换，把盆景放于光照充足、通风良好的地方，有利于果实着色。通过挪动枝条、轻转牵拉果实等，使果实见光部分均匀，着色一致。

增加光照。为增加树干下部及内膛部分光照，可通过疏枝、疏叶、铺反光膜，增加补充光照，使树体生长旺盛，有利于果实着色。

合理施肥

叶面偏淡生长偏慢时，应及时补充氮肥，适当增加补充以磷钾肥为主的有机肥。如腐熟鸡粪、发酵好的黄豆饼、麻渣、生物渣等。把握薄肥勤施的原则。应在晴天施肥，阴天最好不施。后期及时补充氮肥，以防叶片枯黄或干枯。

控制成熟期

第八届中国盆景展览会于2012年10月20日开幕，27日撤展。这时期枣庄地区石榴多已成熟，可能会随时落果。为避免落果，于7、8、9三个月将准备参展的几盆作品进行遮光处理。让盆景早、晚正常见光，中午少见光，减少光照时间，使之生长放缓，从而让成熟时间推迟1个月，使石榴生理性成熟期得到控制。到撤展时仍果实累累，达到参展目的。

植物生长调节剂延长挂果期

果实成熟时于果柄处容易脱落。用棉签蘸较高浓度的920（赤霉素）溶液轻抹果柄一圈，可防脱落，效果明显。果实上不抹，否则容易倒青，影响观赏性。

刮皮保果

果实成熟前十天，剥刮果柄后端外皮，可防果实脱落、裂果。由于成熟期气温降低，中午气温高，早晚温差大，气温变化较大，果实籽粒继续膨胀，而外皮生长见缓，易裂果。用小刀刮去果实后边果柄树皮（大果去除80%、中果去除50%、小果可不去），防控效果明显（图8-11）。

冷室或房内保果

初冬下霜时，把石榴盆景移至室内或温室，控制气温不宜太高（20℃以内），亦不可长期低于-2℃。适当通风，果实可在树上挂一冬天，有时到春天树快发芽时，果实依然挂在枝头。不过，应注意挂果不要太多，以免过分消耗养分，影响第二年开花结果。一般到春节后摘去一部分，对树体影响不大（图8-12）。

图8-11　刮皮保果

图8-12　温室大棚保果

石榴运输保护

石榴盆景运输，必须用厢式车或篷车以防强风吹干叶片。并且要及时补充盆内水分。由于路途颠簸，常造成果实碰撞而引起掉落、碰烂，应采用软布、软纸双层把果实包住，外边用塑料袋、网兜包裹，并往上稍提拉，让果柄减少受力。个别枝条细弱，果实多，应用绳子、竹竿等把枝条加固，以防枝条断裂下来（图8-13）。盆下面用沙子或软垫垫好，盆子之间用泡沫、毯子等隔开，预防意外（图8-14、图8-15）。

图8-13　运输保果

图8-14　保果保叶状（张忠涛作品）

图8-15　保果保叶状（张忠涛作品）

（实践人：张忠涛）

三、微量元素和植物生长调节剂的应用

1.花后喷尿素

石榴树因开花、幼果生长和新梢枝叶生长，把树体贮存的营养物质消耗将尽，而这时新的营养物质合成量较少。因此，树体营养在花后将出现一个较长时间的青黄不接阶段。及时补充营养是减少落果的有效措施。一般在盛花期或花后每15天左右喷一次0.3%～0.5%的尿素溶液，对促进枝叶生长、减少落果有明显效果。

2.喷布植物生长调节剂和微量元素

有些植物生长调节剂和微量元素可以用来提高石榴坐果率，促进果实发育，提高产量。赤霉素是刺激石榴坐果作用很强的植物生长调节剂。试验证明，套袋而自花授粉的筒状花喷赤霉素后，都能发育成果实，并能正常成熟，刺激坐果作用比较稳定。田间喷布时，凡是开放的花朵着药后，不经人工授粉都能坐果，因而对克服不利授粉因素起到很大的作用（图8-16）。

赤霉素的使用以盛花期最为有利，一般在一、二次花中各喷1次即可，但必须注意喷头次花，这样能使坐果达到生产需要的数量。

赤霉素还能与0.3%~0.5%的尿素溶液混合进行根外追施。雨天，气温低，赤霉素不能很好地发挥刺激子房发育作用。因此，应在气温24℃左右喷施。

图8-16 喷赤霉素和磷酸二氢钾

喷布B9、萘乙酸溶液以及0.3%~0.5%的硼砂溶液对促进石榴坐果效果也很好。

植物生长调节剂和微量元素对提高石榴坐果率的作用，是以树体本身的营养状况和结果能力为基础的。树势良好，有一定负载能力的树，喷施植物生长调节剂或硼砂等微量元素，才能有较好的效果。因此，在使用这些植物生长调节剂和微量元素的同时，必须加强土肥水管理、病虫害防治及修剪等措施。

花期微量元素及生长调节剂应用的实践

喷施0.3%~0.5%的尿素溶液。10天一次，可促使枝叶生长旺盛，减少落果。

盛花期促进石榴挂果喷施赤霉素。一般用2g，取1/10，用半两白酒摇晃化开（不溶于水），再加水5kg左右喷雾，3天后再喷一次，花基本不落。喷到钟状花上，结出无籽怪异果，像佛手瓜，一般不保留（图8-17、图8-18）。

喷硼砂与磷酸二氢钾溶液。浓度0.3%~0.5%，可促进花芽形成，提高挂果。磷酸二氢钾在后期喷施可促进石榴成熟。如需延长挂果时间，应注意使用。

图8-17 喷赤霉素结果状

图8-18 喷赤霉素不完全花不落、结果状

石榴还应"计划生育",让果实布局均匀。最佳观赏面位置多留,避免细枝条挂果太多,发育不好,后期易黄叶,还会引起第二年养护不当,造成死枝或整株死亡的现象。通过疏果也可避免石榴"大小年"现象。由于大年结果太多,树体制造养分多用于果实生长,无力生长出新的枝条花芽待翌年结果,使小年的树上无果或结果少。小年因树无结果负担,于是造成大量花芽,在下一年开花结果。所以,应根据树体大小、枝条的强弱及不同品种的结果能力等综合考虑,应大树多留,小树、弱树少留,强枝多留,小枝少留或不留,才能使树保持长势与挂果均衡,避免大小年结果现象。

(实践人:张忠涛)

第四节 石榴盆景的换盆(土)

石榴盆景经几年的生长,大量的根系布满花盆,根系致密而土壤板结,须根延盆内缠绕生长。土壤中各种肥料元素缺失,造成植株长势不好,不利于开花结果,严重时会造成衰退死亡。因此,石榴盆景按时换盆(土)十分重要(图8-19至图8-30)。

图8-19 实例1——从旧盆取出

图8-20 实例1——地面铺10cm沙土,把盆景放倒抬出

图8-21 实例1——两年根系完整

图8-22 实例1——清理根部旧土

图8-23 实例1——清理完毕,旧土约保留50%

图8-24 实例1——底部垫入营养土

图8-25 实例1——将树桩抬入盆中

图8-26 实例1——根系分层放置，营养土填实

图8-27 实例2——清除根部旧土

图8-28 实例2——埋入营养土

图8-29 实例2——用木棍捣实，使营养土与旧土、根系密接

图8-30 实例2——整平

一、换盆（土）年限

要根据栽植年限、用土、盆的大小、树种的大小不同而灵活掌握。一般小盆比大盆换土要勤，砂质土比壤土要勤，结果多的树换土要勤，一般2~4年换土1次，其间可局部换土。大型石榴盆景因用盆较大，换土较麻烦，可每年春季发芽前，用花铲等工具去除四周部分旧土，占20%~50%，充填上配置好的营养土即可。换盆时把树从盆中取出，去除部分旧土，再用营养土栽植。此外，个别生长过于旺盛的盆景换土时可多去除一部分根系，削弱树势，让其长势中庸，有利于开花结果。

二、换盆（土）时间

一般以春季树萌动刚发芽时为最好。换土太晚，因树发芽，又损失大量根系，对生长不利。换土时，根据植株的大小、高矮、形式等选用合适的花盆。刚培养的桩材用盆多为泥盆或水泥盆，成型的盆景可换上紫砂盆或色泽艳丽的釉盆，使之相得益彰。

三、换盆（土）步骤

1. 从原盆中取出

一般可把盆放倒，轻磕盆沿，使盆土与盆分离，再小心把树从盆中拉出来。宽口盆易把树拉出，窄口盆（卡口盆）可用小铲、螺丝刀去除四周旧土，把"大肚"部分土挖掉，方可取出。大型盆景因盆大，放倒时应注意盆土太重把盆压坏，应在盆沿下用旧土或毡毯铺垫好。为防拉树时损伤树皮，应先用毯子等包裹好树干。

2.去除旧土

一般换土时应去除旧土1/3～2/3，要灵活掌握。旧土也不可去太多，太多会造成发芽晚、生长不良，严重时死亡。去除旧盆土时，把病根、过密的根、长根及底部太深的根剔除。一般先去底部，再去周围，灵活掌握去除旧土的深浅、大小。

3.栽植

先用纱网盖住盆眼，在纱网上放透水性能好的粗砂土，再往盆中加营养土。根据盆的深浅、土球大小，再把盆树放在盆中合适的位置。加土时，根系应分层理顺，不可把根系一下盖下去。根系堆在一起不利于生长。然后用小棍把土捣实。盆土一般低于盆沿。

4.固定

换盆后，对一些不稳固的树桩应用棍子、石头、绳子固定好。

5.浇水

浇水时让盆土充分浇透。个别大根盘的盆树，应仔细捣实，以防底部不易进土而形成空洞。换盆后的盆景因根系损伤，不可浇水过勤。要经常往树体上喷水，有利于恢复生长。

第五节 石榴盆景越冬保护

石榴在休眠期内，树体内部仍然进行着微弱的生理活动，如呼吸、蒸腾、根的吸收、合成、芽的分化及体内养分的转化。冻害是盆栽条件下容易发生的一种危害。其发生的时期多在冬末春初。原因是随着气温的升高和解除休眠，地上部蒸腾量增加，而根部因盆土缺水或仍处于0℃以下的封冻状态，造成对地上部供水不足而引起。其表现是，新枝自上而下变褐且皱缩干枯，严重时整株死亡。这种现象在贮藏营养水平低的幼树以及组织发育不充实的新梢上，表现尤为严重。因此，重视秋季的管理，如增加施肥提高营养，控制浇水并对枝条及时摘心使之成熟老化，防病虫保叶片，最大限度地提高盆树的营养贮藏水平等，对盆树的安全越冬是十分重要的。

各地可根据温度等具体条件，选择安全、简便的越冬措施（图8-31）。

1.塑料大棚越冬

山东省枣庄市大部分石榴树桩盆景专业户，多将石榴树桩盆景放在塑料大棚内越冬。此法简单易行。初冬时选择适宜地点架设塑料大棚，并将石榴树桩盆景移入，定期检查墒情，适时补充水分。

图8-31　中国园艺学会石榴分会理事长曹尚银研究员等考察峄城石榴盆景

2.埋土越冬

此法适应我国北方石榴产区、埋土方便的盆景园。越冬场所应选择避风向阳、排水良好、南面没有遮蔽物的地方。冬季到来之前挖好东西向的防寒沟,宽度以并排放两排石榴树桩盆景为宜,深度同盆高。盆放入沟后,要把盆周围填满土,盆内、盆外浇足水,盆面上覆草。覆草目的是防止掩埋土与盆土混合,造成板结而影响翌年生长。较冷地区应深埋,保持一半根系处在冻土层以下。在较寒冷的地区,可用剩余的土在防寒沟的北侧、东西向堆一土堆,或在北侧设立风障,以改善沟内的小气候。早春随气温上升和地表解冻,及时清除盆上覆盖物,并及时出盆,促使盆土升温。出土后,及时检查墒情并适时补水。

3.日光温室越冬

山东省枣庄市部分条件好的石榴树桩盆景大户,有专用的日光温室。初冬时将石榴树桩盆景移入,并用塑料薄膜覆棚,效果更好。亦应定期检查墒情,适时补充水分。

4.室内越冬

石榴树桩盆景消费者可用此法。室内冬季温度在0～9℃即可保证石榴树桩盆景安全越冬。温度过高,不利于休眠,会过多消耗养分,影响翌年生长。温度过低,不利于安全越冬。在室内越冬时,由于盆体裸露,失水较快,尤其在较干燥的贮藏室越冬,应定期检查墒情,补充水分。

石榴盆景防冻与保温的实践

枣庄地区制作石榴盆景始于20世纪80年代初。随着经济和社会发展,石榴盆景进入快速发展阶段。由于经验不足,有时疏忽大意,造成部分盆景不保护或保护不当,如冬季不浇水或浇水不足、保温不好、倒春寒冻害、冬季放入气温过高的暖棚或室内、出棚早等造成死枝或死亡。最严重的是2015年11月24日天降大雪,地面积雪40cm。此时有30%左右石榴树未完全落叶休眠,雪后有的虽然进了大棚温室保护,但春天大部分小盆石榴还是被冻死了,中型、大型盆景死枝严重。整个枣庄及泰安、济南、江苏北部、安徽北部等地,大部分石榴树苗都被冻死,中大型石榴树部分死亡或大面积死枝。因此,石榴盆景、盆栽保温一定要格外注意(图8-32)。

图8-32　塑料大棚越冬

增强树势

管理上坚持促前控后的原则,做到未雨绸缪,防患于未然,抓好前期综合管理,促进春夏旺长。9月中下旬控制氮肥用量,多施磷钾肥。也可在9月后期喷多效唑溶液,控制秋梢生长,进行营养积累,提高枝条木质化程度。浇透一遍越冬水,增强越冬抗寒性。

因类施策

提前及时把石榴盆景集中起来,如遇突然降温,温度低于-2℃时,及时进入保护大棚,或盖保温材料,或搬往室内防冻。

加盖保温材料

没有条件建设保温大棚或个体较大时,可选避风向阳处埋土防冻,注意埋土前一定浇透水。或者树根部应覆土10~20cm，再用毡毯、草帘、薄膜等将盆、主干部位覆盖保温。有条件的可在北、西、东三面做防风障保温，个别单棵盆景、景观树可单做温棚保温。初春气温回升时，应检查补充水分。

控制温室气温

放置盆景的温室大棚、房间，一般保持0~9℃可满足石榴越冬需要。气温过高，不利于充分休眠，还会提前发芽，枝节变长，出室后降温易受"倒春寒"冻害。大棚温室白天气温过高时，应通风，以免气温太高闷热灼伤枝叶。

（实践人：张忠涛）

北方设施大棚的建造及管理的实践

塑料大棚，亦称冷棚，是以镀锌钢管为骨架、塑料薄膜为覆盖材料的拱圆形装配式大棚。常采用单栋钢管大棚或连栋式钢管大棚。

设施大棚的建造

（1）大棚结构。骨架为镀锌钢管，覆盖材料为白色塑料薄膜；形状拱圆形；棚内横向跨度为4~10m，棚中心顶高2~5.5m，棚两侧肩高1~2.2m，棚长依地块而定（一般不超过60m），棚的拱度能让雨、雪正常滑下为准；棚两侧底部离地40cm处设置两个跨整棚的横向压膜槽，上边可加数道压膜槽，利于固定薄膜；规模较大的棚可采用电动（或手动）卷膜机控制顶膜的开闭；棚上可加数道压膜绳；大棚两端设计2个棚门，门高2m，宽2.6m。

（2）农膜。大棚覆盖采用长寿无滴膜。农膜可多年使用。

（3）覆膜与去膜。覆膜扣棚时间大约在立冬前。极寒天气，棚内外可加毡毯、草帘等保温材料。3月下旬或4月初，根据近期天气情况，需要逐步从两侧卷起薄膜。清明节后，薄膜可全部去掉，或者卷到一侧棚肩处。春季倒春寒来临时及时落棚。

设施大棚的管理

（1）运营与维护。根据当地气候制定应急预案；雨、雪之后及时清除积水、积雪；定期检查大棚紧固配件；大风、大雪、暴雨来临前应及时加固相关紧固件，拉紧压膜线；及时修补破损薄膜。

（2）温度调节技术。分体薄膜，立冬前先扣冷棚顶膜，立冬时再扣侧膜；整体薄膜，立冬前后整体扣膜。采用通风、遮阴等措施，控制大棚白天气温过高，防止棚内石榴过早萌芽，确保花、果物候期与露地栽培基本一致。傍晚，尽可能封闭好大棚。翌年春分至谷雨，依据当地气温变化情况，由下而上逐步卷起侧膜、顶膜。

（3）水分调节技术。大棚内及时观察，适时灌水，尤其是棚内南侧及风口处要多浇水。

（实践人：张忠涛）

第九章 石榴盆景主要病虫害及其防治

第一节 主要病害及其防治

一、干腐病

发病症状：除危害干枝外，也危害花器、果实，是石榴的主要病害，常造成整枝、整株死亡。干枝发病初期皮层呈浅黄褐色，表皮无症状。以后皮层变为深褐色，表皮失水干裂，变得粗糙不平，与健康部区别明显。条件适合，发病部位扩展迅速，形状不规则，后期病部皮层失水干缩、凹陷，病皮开裂，呈块状翘起，易剥离，病症渐深达木质部，直至变为黑褐色，终使全树或全枝干枯死亡。而花果期于5月上旬开始侵染花蕾，以后蔓延至花冠和果实，直至1年生新梢。在蕾期、花期发病，花冠变褐，花萼产生黑褐色椭圆形凹陷小斑。幼果发病首先在表面发生斗粒状大小不规则浅褐色病斑，逐渐扩为中间深褐、边缘浅褐的凹陷病斑，再深入果内，直至整个果实变褐腐烂。在花期和幼果期，严重受害后造成早期落花、落果；果实膨大期至初熟期，则不再落果，而干缩成僵果悬挂在树梢（图9-1）。

防治方式：①冬、春季搜集树上、树下干僵果烧毁或深埋，另以刮树皮、石灰水涂干等措施减少越冬病源，还可起到树体防寒作用。休眠期喷洒3~5波美度石硫合剂。②坐果后套袋和及时防治其他蛀果害虫，可减轻该病害发生。③从3月下旬至采收前20天，喷洒1∶1∶160的波尔多液或40%多菌灵胶悬剂500倍液，或50%甲基托布津可湿性粉剂800~1000倍液4~5次，防治率可达63%~76%。黄淮地区以6月25日至7月15日的幼果膨大期防治效果最好。

图9-1　干腐病病果

二、褐斑病

发病症状：受害部位为石榴树叶片、果实。叶片受害后形成叶斑，果实受害后形成果斑。叶片受害，初为褐色小斑点，扩展后呈近圆形，靠中脉及侧脉处呈方形或多角形，直径为1~2mm。相邻病斑融合后呈不规则形，病斑密布叶片，使叶片变黄脱落。果实受害，初为红色小点，然后扩大为不规则形黑褐色病斑，病部凹陷。高温、高湿、田间通风透光不良、管理粗放、树势生长衰弱的盆景园发病严重。褐斑病发病期在5月中旬至9月中旬（图9-2、图9-3）。

图9-2　褐斑病病果

图9-3　褐斑病病叶

防治方式：①剪除过密枝、细弱枝，加强肥水管理，增强树势，减轻发病。②冬季清除落叶后，将所有叶片及落果集中起来焚烧或深埋。③发病初期用10%苯醚甲环唑1500倍液、25%戊唑醇1000~1500液等喷雾防治，隔20~30天喷1次，连喷3~4次，药剂交替使用。

三、果腐病

发病症状：褐腐病菌造成果腐，多在石榴近成熟期发生，初在果皮上生淡褐色水浸状斑，迅速扩大，以后病部出现灰褐色霉层，内部籽粒随之腐败。病果常干缩成深褐色至黑色的僵果悬挂于树上不脱落。病株枝条上可形成溃疡斑（图9-4）。

防治方式：①防治褐腐病菌：发病初期喷施50%多菌灵或70%甲基托布津600~800倍液，7天喷施1次，连续喷施3次。②防治发酵果：关键是杀灭介壳虫，5月下旬和6月上旬喷施杀螟硫磷乳油或扑

图9-4　果腐病病果

虱灵，药杀康氏粉蚧、龟蜡蚧。③防治生理裂果：幼果膨大期喷施浓度为10～20mg/kg的赤霉素。每10天喷施1次，连续3次。

四、枯萎病

发病症状： 病原为拟青霉菌，病害多从叶柄基部开始发生，首先产生黄褐色病斑，并沿叶柄向上扩展到叶片，病叶逐渐凋萎枯死；病害延及树干产生紫褐色病斑，导致维管束变色坏死，树干纵裂；叶片枯萎，植株趋于死亡。若在石榴干梢部位，其幼嫩组织腐烂，则更为严重，在枯死的叶柄基部和烂叶上，常见到许多白色菌丝体。当地上部分枯死后，地下根系也很快随之腐烂，全部枯死（图9-5）。

图9-5　枯萎病造成死树

防治方式： ①及时清除腐死株和重病株，并用石灰消毒，以减少侵染源。②适时、适量剪枝，枝剪用后要进行消毒。③可用50%多菌灵500倍液+10%复硝酚钠1000倍液喷雾，或刮除病斑后涂70%甲基托布津300倍液，有一定防治效果。喷药时间，从3月下旬或4月上旬开始，每10～15天1次，连续喷3次。

五、煤污病

发病症状： 6月中旬至9月发病，主要危害叶片和果实。叶片或果实表面有棕褐色或深褐色的污斑，边缘不明显，像煤斑。病斑有分枝型、裂缝型、小点型及煤污型。菌丝层极薄，一擦即去。一般在通风透光不良的盆景园，介壳虫、蚜虫发生重的盆景园发生较为严重（图9-6）。

防治方式： ①发现介壳虫、蚜虫等害虫时，要及时喷0.9%爱福丁乳油2000倍液或48%毒死蜱乳油1000倍液。②必要时喷25%腈菌唑乳油7000倍液或65%甲霉灵可湿性粉剂1000倍液，隔10天左右1次，连喷2～3次。

图9-6　煤污病病叶

六、疮痂病

发病症状：花萼发病后，初期呈黄褐色小点，后扩大成圆形或椭圆形红褐色或黑褐色斑点。果皮上的病斑密集相连成疮痂状，小斑直径2～5mm，微隆起，相连后的大斑达10～30mm或更大；果皮受害后，变粗糙和轻度龟裂，病幼果易早落，枝条受害后产生许多小溃疡斑，严重时枝条枯死。在潮湿气候下，各种病斑上可产生淡红色粉状物（图9-7）。

图9-7 疮痂病病果

防治方式：①可运用生态技术措施，加强肥水管理，增强树势，提高树体抗病力。②刮除病斑并涂刷百菌敌液，及时剪除病枝病果及残叶，定期使用多菌灵粉剂均匀喷洒果面或树干。

七、炭疽病

发病症状：危害叶、枝及果实。叶片染病产生近圆形褐色病斑；枝条染病断续变褐；果实染病产生近圆形暗褐色病斑，有的果实边缘发红，无明显下陷现象，病斑下面果肉坏死，病部生有黑色小粒点，即病原菌的分生孢子盘（图9-8）。

防治方式：①加强管理，雨后及时排水，防止湿气滞留。②发病初期喷洒1∶1∶160的波尔多液或47%加瑞农可湿性粉剂700倍液、30%碱式硫酸铜悬浮液或25%炭特灵可湿性粉剂500倍液、50%施保功或百克可湿性粉剂1000倍液。

图9-8 炭疽病危害果实状

八、根结线虫病

发病症状：石榴根部寄生型土传病害。病原线虫寄生在石榴根皮与中柱之间，刺激幼根过度生长，形成大小不等的根瘤。新生根瘤乳白色，后渐变为黄褐色乃至黑褐色。根瘤多发生在细根上，严重时产生次生根瘤，与小根交互盘结，根系严重结瘤，最终导致根皮腐烂坏死，石榴树整株死亡。受害较轻的地上部表现为枝梢短弱、叶片变小、慢性衰退、生长势衰弱等症状；受害较重的叶片无光泽黄化，叶缘卷曲，结果少而小，甚至造成早期落叶、落花和落果，最后叶片干枯脱落，枝条枯萎，甚至全株枯死（图9-9）。

图9-9 根结线虫病病根

防治方式：①选用重瓣白、重瓣红、小青皮酸等抗根结线虫病品种做砧木嫁接良种。②改良土壤，深施腐熟有机肥料。③石榴生长季节，用1.8%阿维菌素乳油170g+50kg水，于主干周围5～20cm耕作层中，施后浇水；或用2%甲氨基阿维菌素4000倍液加甲壳素灌根。

九、裂果

发病症状：石榴裂果主要发生在近成熟果实上，果实侧面纵裂。在日灼、干腐、煤污等果实上发生较多。病因系生理病害，主要是水分供应不均匀或天气干湿变化较大，果实易裂开，其严重程度与季节和天气变化及品种有关。暴雨或连续阴雨后突然转晴、气温高易出现裂果（图9-10）。

防治方式：①注意选用'秋艳'等优良的抗裂果石榴品种，精心养护，及时防治病虫害。②果实套袋。③覆草，可蓄水保墒、调节地温，有利于培肥地力，减少裂果发生。

图9-10 裂果

十、日灼病

发病症状：石榴受到日灼病的危害后，初期石榴果皮失去光泽，隐现出油渍状浅褐斑，继而变为褐色、赤褐色至黑褐色大块斑。严重时，病部稍凹陷，脱水而坚硬，中部常出现米粒状灰色泡皮（图9-11）。

防治方式：①修剪时在果实附近适当增加留叶，遮盖果实，防止烈日暴晒。②在干旱天气及时浇水，保证石榴对水分的需要。③在石榴幼果期，尽力疏去树冠顶部和西晒面外层暴露在阳光下的小果，以免其长大后成为日灼果。

图9-11 日灼病

第二节　主要害虫及其防治

一、桃蛀螟

危害症状：桃蛀螟是石榴树的第一大害虫。石榴受其危害后，果实腐烂，造成落果或干果挂在树上，失去食用价值。幼虫一般从花或果的萼筒、果与果、果与叶、果与枝的接触处钻入。卵、幼虫发生盛期一般与石榴花、幼果盛期基本一致（图9-12、图9-13）。

图9-12　桃蛀螟危害果实状

图9-13　桃蛀螟幼虫

防治方式：①消灭越冬幼虫及蛹。采果后至萌芽前彻底摘除树上及捡拾树下僵病虫果及园内枯枝落叶并集中烧毁或深埋。②诱杀成虫。设置黑光灯、糖醋液，诱杀成虫。③药剂防治。药剂防治在6月底至7月底最好，施药次数3～5次。可叶面喷洒90%晶体敌百虫800～1000倍液、20%杀灭菊酯乳油1500～2000倍液、2.5%溴氰菊酯乳油2000～3000倍液、辛硫磷乳剂1000倍液。

二、棉蚜（又名蜜虫、腻虫）

危害症状：群集在石榴的嫩叶、嫩芽、嫩茎、花蕾和花朵上，刺吸汁液，使植株叶片变色、皱缩，甚至脱落。棉蚜分泌的黏液同时又可诱发煤污病（图9-14）。

防治方式：①人工防治。在秋末冬初刮除翘裂树皮，清除枯枝落叶及杂草，消灭越冬蚜虫。②药剂防治。发芽前的3月末4月初，以防治越冬有性蚜和卵为主，以降低当年繁殖基数。在果树生长期的防治关键时间为4月中旬至5月下旬；其中4月25日和5月10日两个发生高峰前后施药尤为重要，有效药剂为20%速灭杀丁乳油或20%杀

图9-14 棉蚜危害花蕾状

灭菊酯乳油1500~2000倍液、2.5%敌杀死乳油2500~3000倍液、5.7%氟氯氰菊酯乳油3000倍液。

三、桃小食心虫

危害症状：食心害虫危害石榴果实时，果面上出现黑褐色凹陷蛀孔，四周呈浓绿色，伴有水珠状果胶外溢。食心害虫对石榴果实内部的蛀食危害性极大，会造成果实大量腐烂变质（图9-15、图9-16）。

防治方式：①药剂防治。根据食心虫的生活习性，在幼虫出土前用辛硫磷微药剂，均匀喷洒于树体地面，杀死幼虫。也可利用桃小灵乳油等药剂进行树上防治。②物理防治。人工及时摘除虫果；在盆景园内设置食心虫诱剂诱杀成虫，以减轻幼虫为害。

图9-15 桃小食心虫雌成虫

图9-16 桃小食心虫幼虫

四、龟蜡蚧

危害症状：受精雌成虫在石榴植株小枝上越冬，取食枝叶，并分泌蜡质，形成介壳附着于枝叶表面。孵虫活动力较强，可借风力远距离传播（图9-17）。

图9-17　龟蜡蚧危害枝干状

防治方式：龟蜡蚧的防治最好使用药剂喷施，越冬期采用人工剪除虫卵枝梢并喷施药剂，在虫卵孵化时期喷施可湿性西维因药液进行防治。

五、石榴茎窗蛾

危害症状：幼虫自芽腋处蛀入嫩梢，沿髓心向下蛀纵直隧道，3～5天被害枝梢枯萎死亡，极易发现（图9-18）。

防治方式：①萌芽后，剪除未萌芽虫枝（70cm左右）并烧毁，消灭越冬幼虫。②孵化盛期，用2.5%溴氰菊酯乳油3000倍液或敌马合剂1000倍液喷施，以毒杀卵和初孵幼虫。③7月上旬每隔2～3天检查树枝一次，发现枯萎新梢及时剪除烧毁，消灭初蛀入幼虫。④对蛀入2～3年生枝干内的幼虫，用注射器从最下一排粪孔注入800倍液的敌马合剂，然后用泥封口毒杀。

图9-18　石榴茎窗蛾幼虫

六、麻皮蝽（又名黄斑蝽、臭板虫等）

危害症状：以成虫、若虫吸食石榴树嫩梢、枝、叶、花（蕾）、幼果、果实汁液，受害枝、叶枯萎，果实畸形，出现黑籽，易引发褐斑病、干腐病、软腐病等（图9-19、图9-20）。

图9-19 麻皮蝽成虫　　　图9-20 麻皮蝽若虫危害幼果

防治方式：①冬、春越冬成虫出蛰活动前，清理枯枝落叶、杂草，刮粗皮、堵树洞，结合平田整地，集中处理，消灭部分越冬成虫。②在成、若虫危害期，利用其假死性，在早晚进行人工震树捕杀，尤其在成虫产卵前震落捕杀，效果更好。③在若虫三龄前用4.5%高效氯氰菊酯或甲氰菊酯喷雾防治。

七、绿盲蝽

危害症状：绿盲蝽以若虫、成虫刺吸石榴树刚刚萌发出的嫩梢、嫩叶和花蕾。嫩梢受害后，顶端生长点干枯，停止生长，无法现蕾；花蕾受害后，基部出现许多黑色小斑点，逐渐扩大成片，最终脱落；嫩叶受害，叶片上出现黑色干枯斑点，有的多个斑点连在一起，造成叶面穿孔，叶片卷曲畸形，严重影响光合作用（图9-21）。

图9-21 绿盲蝽危害状

防治方式：①尽量使盆景园与桃、葡萄、苹果等果树混栽，不要间作棉花、大豆、麻类等绿盲蝽的寄主植物。②落叶后彻底清理园内的落叶、间作物秸秆和杂草等；刮除树干翘皮，收集烧毁，并用石灰水涂干；修剪的枝条及时运出盆景园，随后全树喷布5波美度石硫合剂。③石榴树刚萌芽的4月初开始施药，10天喷1次，连喷4~5次。4.5%高效氯氰菊酯1500倍液或2.5%功夫乳油2000倍液防治效果较好，两种药剂应交替使用。

八、蓟马

危害症状：以成虫和若虫锉吸石榴树嫩芽、嫩叶、花、果实的汁液，受害嫩芽不能生长，嫩叶皱缩甚至枯死，花提前凋萎，果实表面形成斑痕，严重影响树势和果实外观（图9-22、图9-23）。

图9-22　蓟马刺吸危害果实表面　　　　　图9-23　蓟马造成叶片卷曲

防治方式：①结合冬季清园工作，清除越冬场所。②保护和利用天敌，发挥天敌的控制作用。③用25%吡虫啉2500～4500倍液或20%多杀霉素水剂1000倍液或20%灭扫利乳剂2500～3000倍液喷施。

九、榴绒粉蚧（又名石榴粉蚧、紫薇粉蚧）

危害症状：以成虫、若虫刺吸石榴树嫩梢、枝叶、花（蕾）、幼果、果实汁液，使树势衰弱、枝条枯死、果实表面形成斑痕，影响果实的外观。该虫还潜入果实萼筒花丝中栖息，取食危害，造成伤口，为酵母菌繁殖生长提供有利环境，在雨季到来时，雨水浸泡受害果实，酵母菌侵染造成腐果、酒果（图9-24）。

防治方式：①用竹片等物刮除枝条及树干上的虫体。②保护和利用天敌昆虫，发挥天敌的控制作用。③越冬害虫出蛰后，在树干上缠绕草绳诱集，然后处理草绳杀灭害虫。④在虫害发生期，用噻嗪酮1000倍液或40%毒死蜱（乐斯本）1000倍液防治。

图9-24　榴绒粉蚧危害枝干状

十、柑橘小实蝇（又名果蝇）

危害症状： 危害柑橘、石榴、杨梅、桃、辣椒、茄子、西红柿等250余种植物。成虫产卵于寄主果实，幼虫在果实中取食果肉并发育成长，成熟后从果实中外出并入土化蛹，成虫在土壤中羽化外出。果实遭受柑橘小实蝇幼虫危害后，可造成落果或使果实失去经济价值，严重影响产量和质量，被称为水果的"头号杀手"（图9-25、图9-26）。

图9-25 柑橘小实蝇成虫

图9-26 柑橘小实蝇幼虫及危害状

防治方式： ①果实套袋。是防治柑橘小实蝇最有效途径之一。②黄板诱捕。利用柑橘小实蝇成虫喜欢在即将成熟的黄色果实上产卵的习性，可以采用黄色黏板诱捕成虫。③性诱剂诱杀。在虫害发生较严重的地区，利用矿泉水瓶等容器，内置棉球蘸湿诱蝇醚（甲基丁香酚）诱芯制成诱捕器，在诱捕器中加适量肥皂水。④树冠喷药。选用48%毒死蜱乳油或50%灭蝇胺可湿性粉剂1500倍液或2.5%溴氰菊酯3000倍液或每隔10~15天喷1次，宜在上午9:00~10:00或下午4:00~6:00成虫活跃期进行。

第三节 病虫害综合防治

一、基本原则

无公害病虫害综合防治的基本原则是综合利用农业的、生物的、物理的防治措施，创造不利于病虫类发生而有利于各类自然天敌繁衍的生态环境，通过生态技术控制病虫害的发生。优先采用农业防治措施，本着"防重于治""农业防治为主、化学防治为辅"的无公害防治原则，选择合适的可抑制病虫害发生的耕作栽培技术，平衡施肥、及时换盆（土）、清洁石榴盆景园等一系列措施控制病生害的发生。尽量利用灯光、色彩、性诱剂等诱杀害虫，采用机械和人工除草以及热消毒、隔离、色素引诱等物理措施防治病虫害。病虫害一旦发生，需采用化学方法进行防治时，注意严禁使用国家明令禁止使用的农药、果树上不得使用的农药，并尽量选择低毒低残留植物源、生物源、矿物源农药。

二、基本措施

1. 农业防治

农业防治是根据农业生态环境与病虫发生的关系，通过改善生态环境，调整品种布局，充分应用品种抗病、抗虫性以及一系列的栽培管理技术，在目的地改变盆景园生态系统中的某些因素，使之不利于病虫害的流行和发生，达到控制病虫危害，减轻灾害程度，提升石榴盆景、盆栽管理水平，获得优质、安全的果品的目的。农业防治方法是盆景园生产管理中的重要部分，不受环境、条件、技术的限制，虽然不像化学防治那样能够直接、迅速地杀死病虫害，却可以长期控制病虫害的发生，大幅度减少化学药剂的使用量，有利于盆景园长期可持续发展。

科学施肥，要多施有机肥，氮磷钾配合施用。要强施基肥，合理追肥。果实膨大期和采收后立即施用基肥，果实膨大期树体、根和果实正继续生长而枝叶即将停止生长，同时伴随前期农事操作的抹芽，此时施肥不会引起第二次营养生长而影响营养积累，遇雨后土壤很快沉实，土、肥、根系密接，利于根系吸收；采果后正值根系第二或第三次生长高峰，伤根容易愈合，即使在施肥时切断一些小根，也能起到修剪根系的作用，可促发新根。

加强冬季管理技术，冬季管理技术是降低第二年病虫害基数的简单有效的防治技术。落叶后及时清除烧毁僵果、落果、病残枝、落叶和周围的杂草野花，能减少例如麻皮病、褐斑病、干腐病、日灼病的初侵染来源，同时还能消灭蓟马等虫害的越冬虫源，而喷施石硫合剂，能有效降低越冬虫口基数和病原菌（图9-27）。

及时套袋，石榴果实套袋能有效减少桃蛀螟、介壳虫、蓟马、日灼果、裂果等主要石榴病虫害的发生危害，提高果面的光洁度，保证果品的产量和品质（图9-28）。

图9-27 熬制石榴合剂

图9-28 套袋

用高压水枪冲洗树皮的实践

石榴生长速度较快，每年要退去一层老皮，一般老皮在树上会藏有虫卵、病菌孢子等，且看上去不干净，所以每年要清除老皮。以往一般用钢丝刷等刮去老皮，费时费力，且因树高密度大等原因不方便操作，近几年发现用高压水枪清理老皮效果好、效率高。每年于秋末冬初或春节发芽前用压力较高的高压水枪清理老皮及枯叶等，操作员要穿雨衣、戴眼镜操作。

一般从下至上、从根部到树干到主枝，小枝部分不需清理，防止压力过大把花芽喷掉。如有介壳虫，应小心仔细清理掉。老皮去掉后，树干肌理变化更明显，线条更清晰，黄色树皮与老干、新枝对比更明显（图9-29）。

图9-29 高压水枪冲洗树皮

操作完成后，可涂石硫合剂，对有较多枯干的石榴保护有利；无较多枯干的石榴可不涂石硫合剂，待夏季喷杀菌剂，对石榴生长作用一样。

（实践人：张忠涛）

2.物理防治

包括频振式杀虫灯诱杀技术、性信息素诱杀技术、蓝(黄)板诱杀技术等,这些技术是石榴盆景园害虫绿色防控的关键(图9-30至图9-33)。

图9-30 悬挂杀虫灯诱杀

图9-31 悬挂黄板诱杀防控

图9-32 柑橘小实蝇诱杀防控

图9-33 诱杀防控

频振式杀虫灯诱杀技术的杀虫机理是利用农业害虫的成虫对光、波、色、味的趋性,将光波设在特定范围内,近距离用光、远距离用波加色和味,引诱成虫扑灯,灯外配以频振电压网触杀,使其落入灯下的接虫袋中,达到杀灭成虫的目的。

利用害虫的性生理作用,用性诱剂(性信息素)诱杀害虫,对控制下一代的发生量、减少药剂防治次数,具有良好作用,是一种无公害治虫新技术。色板诱杀技术是利用害虫对一定的波长、颜色的特殊光谱趋性原理进行诱杀。

3.生物防治

一是在园内喷洒赤霉素防治病害侵染,杜绝传染源。二是在园内喷洒多角体病毒和苏云金杆菌防治虫害。三是保护利用病虫害天敌，如各类寄生蜂、寄生蝇、瓢虫、蝇蚜等（图9-34）。

4. 化学防治

在人工防治、物理防治和生物防治不能控制园内病虫害时，应及时采取化学防治。要求使用低毒、低残留、高效的广谱性杀虫剂，在果实着色前进行防治，果实着色后禁止使用各种杀虫剂（9-35）。

图9-34 棉蚜天敌——瓢虫

图9-35 化学防控

第十章

石榴盆景的题名、陈设与赏析

第一节　石榴盆景的题名

　　受中国传统文化的影响，盆景的题名已成为盆景艺术创作中不可缺少的一部分。盆景的题名大约起源于宋代，据《太平清话》一书记载：宋代田园诗人范成大，藏石成癖，将收藏的英石、灵璧石和太湖石等石块上分别题上"天柱峰""小峨眉""烟江叠嶂"等名称。另据《奇石记》记载：宋代米元章赏石成癖，曾宦游四方，所积唯石而已，他对最奇特的一石题名为《小武夷》，由此可见，早在宋代就有盆景的题名之举了。

　　盆景创作讲究"立意在先"，在全面审视桩材结构形态及尺寸大小、评价其优劣的基础上，因桩制宜进行构思，然后决定用什么样的艺术表现手法和技术措施对桩材进行取舍、加工、塑造，从而达到创作的目的，表现作者的思想感情。通过外形的加工和内涵的挖掘，使作品的自然美和艺术美有机结合，从而达到形神兼备、气韵生动的效果，产生深邃的意境。而盆景的题名就是这一创作过程的升华和总结。

一、石榴盆景的题名

　　一盆好的盆景艺术作品，题上一个恰当、贴切的题名，可以概括景致的特色，给人以新鲜的感觉和深刻的印象，留有回味的余地，这就是人们常说的画龙点睛的作用。好的题名可以使观赏者打开思路，展开想象，与作者展开思想情感的交流与共鸣，可以更好地把握景致的特色，扩大时空境界，使作品的主题更突出、更鲜明，更好地提高鉴赏效果，使观赏者得到美的启迪和享受，在欣赏作品时"流连忘返"。反之，不经题名或题名不当的盆景就达不到如上的效果，甚至有损于作品的艺术形象。与一般树桩盆景不同的是，石榴盆景的景观随着季节的转换而变化，因而，所表现的主题思想和意蕴也就不尽相同。也就是说，石榴盆景有意境的短暂性和变化性，而石榴盆景的题名也就随时而变，不可能像山石那样一名用终身。

　　石榴盆景除了有其他树桩盆景一样的景观外，叶、花、果、干是它的观赏重点。春天，叶芽开始萌发时，呈现的景观是红芽点点簇簇，且红得透亮，似玉雕、似玛瑙，春的气息扑面而来，整个盆景显得疏朗、雅致，别有一番韵味，此时，题名为

《嫩芽红于二月花》《春上榴枝头》《榴林春早》等就比较妥当；夏季，在油绿的叶片覆盖下，花蕾在枝头上伸出长大，这时，可题名为《万绿丛中一点红》，继而榴花怒放，可题名为《五月榴花红似火》《榴花照眼明》；仲秋时节，果实一天天长大、成熟，且着色圆润，此时可题名为《彩果满枝》《色彩斑斓》；到了冬季，榴叶落了，裸露出铁干虬枝，展示的是沧桑和力度，可题名为《古木竞秀》《松寒不改容》。总之，石榴盆景的题名要随属季节的变化而变化，也可根据其叶、花、果、干其中最主要的特点题名。

1. 诗词名句或典故题名

盆景是一种具有观赏价值的艺术品，它如画，虽无笔触而形神兼备，它如歌，虽无词谱而韵味无穷。用诗词名句给石榴盆景题名能够突出其特征，深化其主题，丰富其内涵，完美其形象。如王立堂的独桩盆景，似一棵根深叶茂的大树，树冠被浓密的榴花覆盖，便取名《花红又是一年春》（宋代诗人谢枋得《庆全庵桃花》），显得作品更有生机（图10-1）。再如胡乐洋的单干盆景，树干笔直修长，树冠枝叶茂密，但作者将枝条顺一个方向蓄留，整体如风吹春柳，便题名《榴花依旧笑春风》（崔护《题都城南庄》），使作品很有动感人情味。但是，引用古诗词一定要准确。元代张弘范曾经写过一首咏石榴花的诗"猩血谁教染绛囊，绿云堆里润生香。游蜂错认枝头火，忙驾熏风过短墙。"有人将其中的"绿云堆里润生香"一句误写为《石榴堆里生芸香》，作为石榴盆景的题名，让人摸不着头脑。

图10-1 《花红又是一年春》（王立堂作品）

2.树桩生长形象题名

盆景是客观存在的自然物,它具有美的属性,以生长形象题名必须准确反映出每一盆盆景的基本特性,要突出其观赏价值。张孝军创作的单干式石榴盆景,树干粗大有力、笔直且扭曲,树冠茂密而浓郁,整体似一条巨龙,它那呈螺旋状上升的树干体现着一种韧劲,那桀骜不羁的气概象征着英雄人物,有人格化的魅力。此景极似陕西黄陵千年汉柏,故起名《中华魂》(图10-2)。孙伟的一盆象形式盆景,源于石榴的根系,它像极了一头威风凛凛的雄狮,身上挂着几个红榴,集威猛、可爱于一身,故名《醒狮戏榴》(图10-3)。这类盆景的题名增加了作品的动态感,使作品与客观自然物更贴近。

图10-2 《中华魂》(张孝军作品)

图10-3 《醒狮戏榴》(孙伟作品)

3.自然景观题名

这类盆景作品是仿照自然景观创作的,如宋茂春创作的多干式石榴盆景,几株古树植于盆中呈丛林状,且盘根错节,熟透了的果实似高挂的红灯笼,作品构图紧密,景色秀丽,见景后令人立即想到峄城万亩榴园的风光,故题名《榴园风光》。此景实际上浓缩的万亩榴园景观。胡乐洋创作的双干式石榴盆景,一大一小,一左一右排列,互相照应,都生长得格外茂盛,见到此景使人联想到泰山的《姊妹松》。用自然景观的题名的石榴盆景必然神似,让人一看就觉得像,并且有联想的空间(图10-4)。

图10-4 《傲骨凌寒》(宋茂春作品)

4.精练的字或词题名

这类盆景的作品的特点:形象生动,拟人化。赵一梦创作的单干式石榴盆景,那笔直、圆浑、刚健的树体似黄陵千年汉柏,观其冠,叶密如伞,花艳如脂,可谓形神兼备,观后有赏心悦目之感,故题名《雄风》。

二、题名时注意的问题

石榴盆景命题名时应根据形式与内容的要求,语言力求精练、新颖、活泼,富于个性。

一要切题。无论命什么样的名,一定要同石榴盆景的主要特征或艺术意境紧密相连,要与盆景的内容和形式相统一。不能离题杜撰,与石榴盆景的形式及内容毫不相干,名不切题就会使人不知所云。

二要含蓄。命名不要太直白,直则无味。含蓄的命名才能使人们引发联想,令人回味无穷。比如一老者站在石榴大树下的作品,若以《树下老人》为名,则过于直白,倘更名为《盼归》,则意境深远得多。含蓄并不是要隐晦难懂,而是要给观赏者留有想象的空间。

三要高雅。命名应典雅健康、格调高尚,反映向上的人生观和积极的思想情感,富有诗情画意,不要过于粗俗、市侩气。比如一石榴枯桩发出新枝,不要将其命名为《老而不死》,命名为《鹤发童颜》或《枯木逢春》则要高雅些。

四要形象化。盆景命名要防止概念化,不宜采用本身就需解释的概念作为盆景的命名。如一盆初开的石榴盆景起名《佳人晓起试红妆》,拟人化,生动绚丽。

五要准确。在引用古诗词作为盆景题名时一定要准确,理解原意,切不可生搬硬套。还要注意语句是否通顺,避免拗口生僻、令人难以明白的题名。而作品所表现的季节性和相应的地理环境也不容忽视，如表现秋天硕果垂枝的作品题以《枯木逢春》的名字就不太适宜了。

六要精练。在充分表达含意的前提下，字数越少越好，要突出特点，忌烦琐，忌面面俱到。字多了不利于记忆，并且感觉累赘，常以四字为多。

总之，给石榴盆景命名不但要贴切、含蓄，而且要格调高雅、清新脱俗。不论采用哪种方式命名，字数不宜多，要精练。命名不仅表达作者构思，更重要的是能为广大观众所接受，只有多数观赏者赞同你的命名，那才是成功的。

第二节　石榴盆景的陈设技巧

石榴盆景是供人观赏的艺术品，被誉为"立体的画，无声的诗"。石榴盆景陈设是指在特定的环境中加以艺术装点，以体现盆景艺术的完整性和艺术品的群体美，陈设是为了更好地欣赏。一件优秀的石榴盆景作品，只有在一定的环境衬托下，才能充分发挥艺术魅力和观赏效果。石榴盆景的陈设，主要应考虑盆景的形式、大小、几架的搭配、环境的烘托、人与盆景间的距离、盆景的高度和盆景之间的相互关系等。

一、石榴盆景的陈设

石榴盆景以放在视平线上为好，这样可以欣赏树干的形态姿势和树冠层次，花的艳丽和果的风姿。石榴盆景一般没有明显的正背面，陈设时可以放在中间做四面观赏，如果做单面观赏则要注意调整最佳观赏面。石榴盆景都需要有光照，在室内陈设的时间不宜过长，要靠近窗户，以便吸收阳光，正常生长。

悬崖式的石榴盆景宜放置视平线以上的落地高几架上，以符合在自然界的真实观感，露根式的石榴盆景放在视平线稍下的台座上，可以欣赏其根部的优美姿态。

中小石榴盆景宜放在不太大的空间里，让欣赏者可以看到石榴盆景的全貌；特大的石榴盆景需放置在较大的空间里，既可远看，又可近赏，位置宜稍低些；微型石榴盆景配上精致的几架一般适宜放在室内桌案上，如采用博古架组合陈设，效果更佳。

二、不同环境和场合石榴盆景的陈设

盆景的陈设环境分为两种，即室外陈设和室内陈设。另外，由于陈设的目的和场合不同，陈设的布局方法也有区别。

1.室外陈设

包括公共建筑庭院、住宅庭院、盆景园等室外的露天陈设。室外露天陈设盆景在光、水分和通风条件上都对树木生长十分有利，因此可以一边欣赏一边养护。应注意以下两个方面。

（1）盆景宜放在几架上陈设。以免地下害虫对盆景根系造成危害而影响美观，常用的有石质、釉陶、水泥等制作的几架。一般大型盆景单独设置，中、小型盆景多用条架陈设。

（2）不同盆景种类及大小的搭配。室外陈设盆景应注意不同样式、不同大小的搭配。陈设时要注意不能前后重叠，互相遮挡，也不能均匀布置，以免呆板。

2.室内陈设

室内陈设的目的主要是装饰点缀和美化环境，因此要注意在体量、色彩等方面与其他景物相协调。不但要体现盆景的个体美，更要体现出环境的整体美。

一般室内陈设盆景多用中、小型甚至微型盆景，数量不可过多，陈设时注意不可前后重叠。为了不影响人的活动，大多放置在靠墙的边角处，可结合几架或博古架，使盆景摆放大小相宜、高低错落，形成层次，达到多而不乱、繁而不杂的效果。墙面又为盆景提供一个单纯的背景，墙壁上可挂字画，作为衬托。字画应利用盆景之间、盆景上方或盆景与其他家具物品间的空白处布置，不可与盆景前后重叠。室内陈设盆景要注意以下几个方面。

（1）盆景陈设应与房间大小相协调。布置房间与写字作画一样讲究留白，盆景陈设只是居室的一种点缀，一定要根据室内空间的大小选择盆景，如果房间很小、盆景很大就会给人一种压抑感。

（2）位置不同，盆景样式选择不同。室内不同位置应根据场所特点选择不同样式的盆景，如橱柜、书柜等顶部应选择放置悬崖式盆景，位置宜靠边；茶桌、茶几上应选择矮式呈平展形或放射形的盆景，位置宜中；墙角可用高几架盆景，或用高低组合架陈设小型或微型盆景。

（3）室内用途不同，应选择不同的盆景。家庭卧室、书房要求创造宁静、清雅的环境，应选择形态雅致、飘逸的盆景；会场要求创造庄严和隆重的气氛，可在入口处对称布置大中型石榴盆景或常绿盆景；宾馆、商场等的大厅注重表现庄重、典雅的气氛，应选用形态端庄、枝叶丰满、花果丰盛的大中型石榴盆景。

（4）背景要淡雅简洁。盆景后面的墙壁宜选择淡雅的单色，才能更好地衬托出盆景的姿态，一般白色、乳白色、淡蓝色或淡黄色为好。

（5）要注意盆景的采光。盆景是有生命的艺术品，植物离不开阳光，因此，盆景最好设置在有光线、通风良好的地方。一般应准备2~3套盆景轮换摆放，定期将盆景(7天左右)移出室内置于阳光充足的地方养护，以备再换。

石榴盆景放置场所的实践

石榴盆景喜欢光照充足及通风良好而无遮挡物的环境，因此放置场所十分重要。光照不足、通风不良、湿度较大都会引起病菌性落叶、烂果等。一般除极端高温外,要考虑到全光照栽培。最低每天不能少于4个小时的光照时间,才能满足其生长需要。因此,光照对花芽的分化、孕育,花朵的开放,果实的生长成熟尤为重要。如光照不足,会引起树势不旺,叶片制造养分不足,影响开花结果,还可引起冬季冻害而伤树。

极端高温时应注意及时补水、适度往叶片喷水、地面洒水降温等。果实的成熟,一般需要大约500个小时的光照时间,而每个品种的需光量也不一样,要具体对待,如需延长持果期,可采取减少光照时间及光照强度。如2012年第八届中国(安康)盆景展,10月17日开展时,按常规石榴已过成熟期,但通过遮阴降低光照强度等措施,延长了持果期约15天,保果效果明显。至撤展时,果实仍挂满枝头。

石榴盆景冬季花芽形成需要一定低温休眠,通过实践掌握每个品种的需冷量,如石榴需冷量不大,20天左右 $-2 \sim 7.2$℃ 即可满足休眠需要。冬季应注意过低气温对果树的危害,太冷会冻坏花芽、树干、根系。

石榴盆景在冬季室内放置时,应勤开窗通风、见光,不可长期放于不见光、不通风的环境内,否则生长不良,易生虫,不易开花结果,严重危及其生命。在不见光照的房间内,最好不超过3天。在冬季暖气房内放置时,因气温高,新陈代谢过快,会提前发芽,发生徒长现象,因没有完成休眠过程,则不开花、不结果。如控制好温度、湿度,及时通风见光,也可开花结果。

石榴盆景在室外置于50~80cm高的台上,对生长有利,观赏效果也好,既利于通风见光,又避免蚂蚁等从盆底侵入危害。

(实践人:张忠涛)

第三节 石榴盆景艺术欣赏

石榴盆景是雅俗共赏的高等艺术品,它能丰富人们的文化生活,陶冶情操,振奋精神,提高艺术修养,消除疲劳,有益于身心健康。欣赏石榴盆景艺术,要具备主观与客观两方面的条件。

在主观方面,欣赏者首先要有一定的美学知识、文学修养、绘画知识、审美能力和对大自然细致的观察力,才能具备一定的欣赏能力。其次要有充裕的时间及欣赏盆景的兴趣。只有这样,才能通过盆景的外形美,引起想象和联想,深入领会盆景的内涵美,即所谓的"神"——盆景的灵魂。

在客观方面,首先,作为欣赏对象,盆景作品要具有一定的观赏价值。若盆景艺术水平很低,而欣赏者有再高的欣赏水平,也不会有美的享受。另外,要有一个良好的环境。比如一件上乘的盆景,若置于杂乱的环境中,无法使人认真细致地进行欣赏,就更难引起联想了。

石榴盆景欣赏主要是从四个方面来进行，即欣赏其自然美、艺术美、整体美以及意境美，而意境美是盆景的灵魂，是其生命力之所在。

一、自然美

欣赏石榴盆景的自然美同欣赏山水盆景的自然美不太一样。石榴由根、干、枝、叶、花、果组成。虽然一棵树是一个统一的整体，但是在欣赏时观赏者的注意力并不是平均分配到各个部位上去，而是每件石榴盆景均有其欣赏的侧重点，因此石榴盆景有观根、观干、观花以及观果等的不同形式。

1.根的自然美

根是植物赖以生存的最重要的部位之一。植物的根虽然都扎入泥土之中，但全部扎入、看不到的却很少。盆景是高等艺术品，盆树不露根就降低了欣赏价值，因此有"树根不露，如同插木"的说法。所以盆景爱好者对露根的桩材格外喜爱，在养桩、上盆等过程中，将根提露于盆土上面，供人们观赏，于是就产生了提根式、以根带干式等以观根为主的盆景（图10-5）。

图10-5 《龙脉相传》（高其良作品）

2. 树干的自然美

在石榴盆景的造型中，以树干的变化最为多彩丰富，其中一部分是自然形成的。有的树桩在一般人看来老木已经腐朽，当柴烧都不起火苗，简直就是一棵废材，但是在盆景爱好者看来，它却是难得的材料，通过精心雕琢就会成为难得的盆景作品。当然，树干的自然美是多种多样的，其中最常见的是树干在自然条件下形成的"不规则"形弯曲，或者树干的一部分已经腐朽，而另一部分却生机盎然，它历尽沧桑饱经风雨，竟能顽强地生存下来，定会给人以启发和教益（图10-6）。

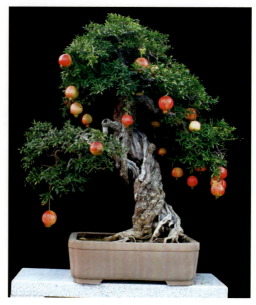

图10-6 《苍古雄奇》（张忠涛作品）

3. 枝叶的自然美

我们所说枝叶的自然美，更确切地说，应该是枝条与叶片所组成的枝叶外形美。只有在荒山薄地、山道路旁等处，由于自然风雨摧残等因，树木才能自然形成截干蓄枝、折枝去皮以及自然结顶等比较优美的形态。观看这种石榴盆景，会给人以身临其境的艺术感受（图10-7、图10-8）。

图10-7 《尽染》（张忠涛作品）

图10-8 宫灯石榴盆景花期照

二、艺术美

石榴盆景中的树木，虽然取材于自然，但也不是照搬自然中各种树木的自然形态，而是经过概括、提炼以及艺术加工，将若干树木之美艺术地集中于一棵树身上，使这棵树具有更普遍、更典型的美。比如树根，许多石榴盆景爱好者模仿自然界生长于悬崖峭壁之上的树木，经过加工造型，有的抱石而生，有的悬根露爪，有的呈三足鼎立之势，有的把根编织成一定的艺术形态，有的呈盘根错节之状，真是千姿百态，美不胜收。

制作石榴盆景的树木素材，有相当一部分是平淡无奇的或者只具有一定的美。然而盆景艺术家根据树木特点，因势利导，因材施艺，经过巧妙加工，即能制成具有观赏价值的作品。有的盆景艺术家，抓住树木弯曲飘荡的姿态，加以概括和提炼，制作成悬崖式树木盆景。观看这种石榴盆景，也会给人以身临其境的艺术感受（图10-9）。

三、整体美

这里所讲石榴盆景的整体美，指的是景物、盆钵、几架、摆件、题名，这五要素浑然一体的美。在五要素当中，以景物美为核心，但美的景致必须要有大小、款式、高低、深浅适合的盆钵及几架，以及高雅的题名，才能够成为一件完整的艺术品（图10-10）。

图10-9 《逐风》（李新作品）

图10-10 《临风图》（张忠涛作品）

1.景物

景物指的是盆景中的树木。景物美是整体美中最重要的部分。比如树木形态不美，观赏价值低或没有什么观赏价值，几架、盆钵、题名再好，也称不上是一件上乘作品。关于景物的美，前面已经讲过，这里不再赘述。

2.盆钵

一件上乘景物，若没有与之协调的盆钵相配，则这件作品也是不够品位的。比如一个人，穿一身得体西服，但脚上却穿了一双草鞋，这个人的形象便不言而喻了。景、盆匹配其大小、色泽、款式是否协调是非常重要的。此外，还要注意盆的质地，上乘盆景作品常配以优质紫砂盆或者古釉陶盆，这样的匹配才是恰当的。

3.几架

上乘几架其本身就是具有观赏价值的艺术品，评价一件盆景的优劣，与几架的样式、大小、高低、工艺是否精致是分不开的。除几架本身的质量外，更重要的是同景物、盆钵是否协调，浑然一体。

4.摆件

摆件也称配件、饰件，是指盆景中植物、山石以外的点缀品，包括人物、动物、交通工具、建筑物等。材质则有陶质、瓷质、石质、金属、木质、塑胶等。摆件如果应用得当，能够起到画龙点睛、点明作品主题的作用。其应用要简洁大方，宜少而精，即"大道至简"。不能过多过滥，点到为止即可。甚至可以不用摆件，以免适得其反，反而不美。

5.名称的点缀

一件上乘的石榴盆景作品，若没有诗情画意和贴切的题名，这件作品的美也是不完整的。好的题名可以起到画龙点睛的作用。

四、意境美

意境是盆景艺术作品的情景交融，并同欣赏者相互沟通时所产生的一种艺术意境。石榴盆景的意境美，是借助石榴树木的外形来领会其蕴含的神韵，神韵也就是盆景的意境，比如直干式石榴盆景，主干挺拔而直立，树干虽不高，却有顶天立地之气势，以象征正人君子之风度。再如连根式石榴盆景，乍一看好似几株树木生长在一盆之中，仔细再看其下部还有一条根将几棵树木连在一起，这可以启发观赏者的许多感受。比如有的观赏者会想到兄弟本是一母所生，应相互团结和睦、情同手足；有的观赏者觉得此作品又似父母带着子女，一家其乐融融。石榴盆景不仅根和干要体现意境美，枝叶也要体现意境美（图10-11）。

第二部分　石榴盆景、盆栽的关键技术 • 223

图10-11 《云逸》（李新作品）

第十一章
石榴盆栽

盆栽是用艺术的方法，将植物栽在盆里并培养使之具有一定观赏价值的过程。换言之，盆栽的植物，经过比较简单的艺术处理，使其具有观赏价值。盆景是比盆栽有更高观赏价值的艺术品，盆植仅是将植物栽植于盆内。故盆栽较盆景简单易行，却又比盆植复杂。培养盆栽是一种趣味，而观赏盆栽则是一种享受。

石榴盆栽就是把石榴树栽植在花盆内，根据石榴树生长结果特性，经过适当的艺术加工处理，使之形成一定观赏价值的艺术品，是美化社区、公园、广场、宾馆、展室、会议室、办公室、庭院、客厅等场所的良好材料。

盆栽石榴集生产、观赏于一体，具观赏、食用双重价值，可用于建设移动的花园、果园。大型盆栽石榴每盆、每年可结果10～20kg，即使不出售，每年也有一定经济效益。若整盆出售，小型盆栽每盆售价几十元到数百元；中型盆栽数千到数万元；大型、特大型盆栽售价一般万元左右，甚至数十、数百万元不等，经济效益显著。盆栽石榴若摆放千家万户的庭院、屋顶、阳台、厅堂，可做成家庭微型果园、活动果园、空中果园，能够给人们提供一个绿色环境，增添温馨的情趣；若将盆栽石榴放置于社区、公园、广场、绿地等公共场所，可以增加植物多样性，丰富城市景观，弥补现有景观植物花期短或只见花不见果的缺陷。因此，石榴不仅是优良的经济树种，而且也是一种花、果兼具的优良观赏植物，加之石榴适应性广、抗病力强、树形小、易栽培，历来被广泛用于盆栽（图11-1）。

张骞出使西域，为把西域的石榴引到中国来，就采用了盆栽石榴的方法，这是迄今我国最早的关于石榴盆栽的文字记载。至唐朝，由于武则天的极力推崇，石榴栽培达到全盛时期，石榴盆栽也得到了空前的推广与发展。当时有"榴花遍近郊，城郊栽石榴"的诗句，充分体现了当时石榴田间、庭院栽培以及盆栽的盛况。

随我国石榴栽培规模日趋扩大，石榴树龄亦越来越长。部分石榴树已由盛果期逐步转向衰老期，慢慢失去了结果价值。自20世纪80年代中期始，山东枣庄峄城部分盆景爱好者，利用树干优美的老石榴树，开始制作石榴盆景。随着石榴盆景产业的发展，可制作石榴盆景的老石榴树资源愈来愈少。自2000年开始，山东枣庄峄城部分石榴盆景艺人，开始利用树干直立、不太适宜制作石榴盆景的老石榴树制作石榴盆栽。截至2023年年底，年产各种规格石榴盆栽10多万盆。石榴盆栽与石榴盆景相比，具

第二部分　石榴盆景、盆栽的关键技术 • 225

图11-1　盆栽生产基地

有取材广泛、成本低廉、制作容易、适宜人多、周转快、效益高等诸多优点,发展势头强劲,后来居上,较石榴盆景更容易推广,更有推广价值,因而形成了一个大的、好的产业。

第一节　盆栽石榴类型及品种选择

盆栽石榴一般根据石榴树地径、树高、树冠大小等分类,可分为特大型、大型、中型、小型、微型五类。我国现有石榴品种(类型)200余个。根据用途不同,可分为食用、观赏、食赏兼用三大类。食用品种一般适宜制作特大型、大型、中型石榴盆栽;观赏品种适宜制作小型、微型、中型石榴盆栽;而食赏兼用品种一般适宜制作大型、中型石榴盆栽。

一、特大型、大型石榴盆栽

特大型石榴盆栽地径20cm以上,树高2m以上,树冠2m以上;大型石榴盆栽地径15~20cm,树高1.5~2.0m,树冠1.5~2.0m。特大型、大型盆栽石榴雄壮威武,适宜摆放在社区、公园、广场、绿地、机关企事业单位等公共场所(图11-2、图11-3)。适宜品种有山东'大红袍甜''大青皮甜''秋艳''大马牙甜''泰山红''大青皮酸',陕西'净皮甜''御石榴''陕西大籽',河南'大红皮甜',安徽'玉石籽''青皮甜''白花玉石籽',河北'太行红',山西'江石榴',四川'青皮软籽',云南'甜绿籽''红玛瑙'等。

图11-2　特大型石榴盆栽(张孝军摄影)

图11-3　大型石榴盆栽

二、中型石榴盆栽

中型石榴盆栽地径8～15cm，树高1.0～1.5m，树冠1.0～1.5m。适宜摆放在社区、公园、广场、绿地、机关企事业单位、庭院等场所（图11-4）。适宜品种有山东'大红袍甜''大青皮甜''峄城小红袍甜''紫玉''黑金刚''秋艳''大马牙甜''泰山红''大青皮酸'，陕西'净皮甜''御石榴''陕西大籽'，河南'大红皮甜'，安徽'玉石籽''青皮甜''白花玉石籽'河北'太行红'，山西'江石榴'，四川'青皮软籽'，云南'甜绿籽''红玛瑙'及'复瓣红花石榴''复瓣白花石榴''复瓣粉红花石榴''单瓣粉红花石榴''复瓣玛瑙石榴''单瓣玛瑙石榴'等。

图11-4 中型石榴盆栽

三、小型石榴盆栽

小型石榴盆栽地径5～10cm，树高0.6～1.0m，树冠0.6～1.0m。适宜摆放于庭院、阳台、屋顶、会议室等场所（图11-5）。适宜品种有'紫玉''宫灯石榴''黑金刚''复瓣红花石榴''复瓣白花石榴''复瓣粉红花石榴''单瓣粉红花石榴''复瓣玛瑙石榴''单瓣玛瑙石榴''紫玲珑''复瓣红花月季石榴''墨石榴'等。

图11-5 小型石榴盆栽

四、微型石榴盆栽

微型盆栽石榴树地径1～5cm，树高0.3～0.6m，树冠0.3～0.6m。适宜摆放于阳台、办公室、客厅等场所（图11-6）。适宜品种有'宫灯石榴''紫玲珑''月季石榴''墨石榴'等微型观赏品种。

图11-6　微型石榴盆栽

第二节　盆栽石榴的容器与选择

可用于石榴盆栽的容器很多，按材质可分为陶、瓷、水泥、塑料、木质、竹编、生态木、玻璃钢等；按其式样则有盆、桶等形式。按其形状则有圆、方、柱、梯、六棱、多棱、异形等。其大小、材质、形状、色彩、深浅差异很大。

水泥盆最为常见。材质虽不细腻，但制作容易、价格低廉、通透性好、厚重。最适宜特大、大、中型石榴盆栽。

陶盆又称素烧盆、素陶盆、土盆、泥瓦盆。材质虽不细腻，但价格低廉、通透性好、厚重古朴，具有乡村风味及自然风格，适合小型、微型石榴盆栽和大众消费。

瓷质容器精致多样、艺术性强、经久耐用、可循环使用。给人以厚重、坚实、洁净、豪华、回味无穷的感觉。适合小型、微型石榴盆栽。

塑料容器质地轻巧、造型多样、色彩丰富、价格便宜、易于搬动，比较大众化，适合小型、微型盆栽和工薪阶层消费。

木质容器轻重适宜、原始生态、朴实无华、高雅恬静。适合大、中、小型石榴盆栽，但价格偏高。

竹编容器轻巧、原始、造型丰富、物美价廉。适合小型、微型石榴盆栽。

生态木、玻璃钢为新型复合材料，其栽培性能、耐久性、性价比等，有待进一步考察、研究。

因此，选择容器时，既要满足盆栽的需要，又要注意与环境的和谐，还要注重实用性与观赏性的有机统一，亦应考虑消费水平。

第三节　盆栽石榴树（苗）的采集与培育

石榴树（苗）是盆栽石榴的主材。其来源与石榴盆景树桩来源相同：一是野外挖掘；二是市场采购；三是人工培育。野外采挖树桩国家已经明令禁止；由播种进行人工培育小苗，极费时间，但能养成玲珑的小盆栽（图11-7、图11-8）。

图11-7　市场采购

图11-8　石榴盆栽装车

第四节　盆栽石榴的上盆与倒盆

一、配置营养土

由于盆栽石榴在盆土中生长、发育，一般要求盆土疏松、肥沃，有良好的排水、保水、透气性能。盆土可用园土、炉灰、腐熟饼肥、沙子等量混合而成，也可用园土、腐叶土、表面土为主，加1～2成厩肥，土∶肥∶沙比例为8∶1∶1。也可用园土5份，过筛的煤渣2份，腐熟的厩肥2份，腐烂的锯末、骨粉发酵肥1份，均匀混合。

二、上盆

上盆一般在休眠期进行,以春季为佳。上盆前在盆底排水孔上垫碎瓦片,放入一层粗砂,然后填入部分培养土。上盆前对石榴树进行修根,伤的侧根要修剪平滑,过长的侧根剪短促其长出须根,尽量保留有用的须根,过长的须根剪留20cm左右。大树移栽上盆时,带土球并移栽于盆中心,再在根系周围填入培养土,盆口留3~5cm不填土作为浇水的空间,使根、土密合。然后浇定根水,直至水从底孔流出为止。过一段时间后如因浇水营养土下沉,再适当加入一些营养土。周围用木棍、金属丝、布条等加固树体(图11-9)。

图11-9　加固树体

三、置盆

石榴属喜光果树,盆栽石榴应摆放在空气通畅、阳光充足的地方,摆放密度根据盆栽规格不同而酌情处理,随植株长大适时调整摆放距离。在公共场所摆放盆栽石榴,应将其放在阳光、露水能到达的地方。放置在阳台上的盆栽石榴,每隔一段时间要适当移动盆的方向,保证树体均衡生长。

四、倒盆

盆栽石榴经过2~3年生长,往往形成1cm左右的根垫,造成根土分离、根系老化、吸收运输能力下降,有害物质和有害分泌物增多,土壤环境恶化。一些盆栽石榴随树冠扩大,需要更大的容器。因此,盆栽石榴一般2~3年需倒一次盆。倒盆时去除部分老盆土、增补部分新营养土,改善盆内营养条件。倒盆一般在秋后根系停止生长后,或春季萌芽前进行,原则上不在生长期进行。倒盆前1周停止浇水并准备好培养土。倒盆时先轻轻震动盆器,使盆土与盆壁分离,将盆倒扣,连同整株石榴植株一起托出,再把根部老土慢慢剔除,保留20%~40%老盆土即可。对盆栽石榴的长根、衰老根及多余的须根进行修剪。根系的修剪量视根垫的形成情况和树势而定,一般可剪除20%～30%，不宜伤根过多，以免影响盆栽石榴的正常生长发育。然后再按上盆的方法重新栽植，在盆器内填土压实，并浇足水。

第五节　盆栽石榴的肥水管理

一、施肥

石榴喜肥，定植时要施足底肥；生长期内各个物候期，要多次追肥，补充生长所需养分（图11-7）。早春萌芽时追施以氮肥为主的促芽肥1次，平均每盆施尿素4～5g，施肥后及时灌水。开花盛期喷施0.1%硼砂液。从5月开始，每10天左右追施液肥1次，以200倍液饼肥为主，以各0.2%尿素、磷酸二铵、硫铵液肥为辅。果实膨大期需要磷钾肥较多，在根部和叶面追施液体肥效果较好。根施以农家肥为主，主要用充分发酵后饼肥泡的水，稀释20倍后灌入盆中，然后再浇入少量水。与此同时进行叶面喷肥，前期可喷施0.2%尿素液，果实开始着色时喷施0.3%磷酸二氢钾液2～3次，促使果实成熟、枝条充实和花芽分化。盆栽石榴施肥，应少施勤施，防止烧根，便于吸收，减少肥液流失（图11-10）。

图11-10　施肥

二、灌水

石榴虽耐干旱，但由于盆栽石榴的盆土少、易干旱，在生长季节要及时浇水。灌水次数和间隔时间，应根据季节、气候、土壤湿度而定。在夏季高温季节、水分蒸发量大时，1天要浇2次水，时间以上午9:00前、下午16:00后进行为宜（图11-11）。春、秋两季，根据盆中土壤情况，1～2天浇水1次，一般情况下春季较秋季灌水次数多一些。雨季可不用灌水或少灌水，连续降雨时还应及时排水。冬季3～5天浇1次水，以利盆栽石榴安全过冬。

图11-11　灌水

第六节　盆栽石榴的整形修剪

一、盆栽石榴的树形

1. 单干式

盆中仅有一个树干的为单干式，是最为常见的。有直干、斜干、曲干之分，又有自然圆头形、自然开心形、主干疏层形等树形，其中直干式最为常见（图11-12）。

第二部分 石榴盆景、盆栽的关键技术 • 233

图11-12 单干式

2.复干式

有双干、多干、合植、连根、卧干等式样（图11-13至图11-15）。

图11-13 双干式　　　　　　　　图11-14 多干式

图11-15 卧干式

（1）双干式。盆中有2个树干，树干宜一长一短，否则极不美观。

（2）多干式。有3～7个树干。树干由近根处分立最为自然。

（3）合植式。几株石榴，同时栽在一个盆中。一般选用2株或2株以上的不同花色、果色的品种搭配栽植，花开果熟，红白相间，别具风格。

（4）连根式。石榴根颈处易萌生不定芽，剪除根部不需要的枝芽，保留需要的株数。株数宜单数，远望活像一座森林，很是别致。这种形式比合植式困难，所需时间非数年不可。

（5）卧干式。利用30～50cm长的石榴枝条（干）横卧土中，枝、干上生根、发芽，保留1～5枝培养，再移植到盆中，卧干露出土面，形态也很奇特。

总之，盆栽石榴树形变化多端，虽是同一单干的石榴，由于枝干的蟠扎、剪枝的方法、摘芽的情况不一样，可以变出种种不同的树形。但是盆栽石榴树形要能入画，才算上品。在岩隙峭壁间生长的石榴，树体矮小，而姿态苍老，是盆栽的好材料。掘得之后，移植盆中，就成上品盆栽。若再加以人工剪裁，更可显出它的美来。

二、盆栽石榴的修剪

1. 幼树的修剪

盆栽石榴幼树是指1年生石榴苗移栽至盆器内1～3年的石榴树。此期修剪重点是整形，应根据石榴盆栽目标、品种、盆器大小等定干造型。特大型、大型盆栽石榴定干相对较高，干高150cm以上；中型以上盆栽定干高度100cm以上；微型、小型盆栽定干高度较低，一般干高30～100cm。中型以上盆栽石榴，可通过支撑栽培，促进加长生长，逐步完成定干。

2. 结果树的修剪

主要枝的弯曲通过修剪和蟠扎来实现。蟠扎常用硬丝（金属铝丝）和软丝（棕丝、塑料绳）进行。金属丝蟠扎筒便易行、屈伸自如，但拆除时麻烦。使用的铝丝型号，应根据枝条粗度灵活掌握。蟠扎时，先把金属丝的一端固定在枝干的基部或交叉处，然后贴紧树皮缠绕。缠绕时要使金属丝疏密适度、与枝呈45°角。枝条扭转的方向与金属丝缠的方向相一致，边缠绕边扭旋才不易断折。缠绕后的枝条经1～2年生长即可固定，要及时拆除金属丝。

　　石榴混合芽多着生在健壮短枝顶部或接近顶部，因此，对这些短枝也就是结果母枝，修剪时应注意保留。结果期盆栽石榴树的修剪，除对少数发育枝和徒长枝行少量短截外，一般只行疏剪，疏去过密枝、干枯枝、病虫枝等（图11-16）。对较长的枝条可采用保留基部2～3个芽进行重截，以控制树形，促生结果母枝。重截后的部位要及时抹芽，防止旺长跑条。要保持主枝的平衡，通过拉、绑、扎、摘等方法调节主枝的角度与分枝数。石榴的隐芽很易萌发，就是极短枝，一旦受刺激，也很容易萌发为长枝，所以，在盆栽石榴中可利用这一特点，进行老树更新或造型。更新修剪的办法：缩剪部分衰老的主、侧枝；选留2～3个生长旺盛的萌蘖枝，或由主干上发出的徒长枝，逐步培养为新的主、侧枝，代替衰老的枝组。盆栽石榴树最忌枝叶徒长，石榴枝条不加摘心，毫无美态，因此生长季节，要经常摘心，防止枝叶徒长。

图11-16　休眠季节修剪

第七节　盆栽石榴的花果管理及病虫害防治

盆栽石榴花艳果美，观赏时间长，花后枝头又硕果累累，既有观赏价值，又能收获果实。若管理不当，往往是只开花不结果，盆栽较大田、露地栽培，更需加强管理。

一、花果管理措施

1. 疏花疏果

石榴钟状花雌蕊败育，不能坐果结实，只有发育好的筒状花才能坐果结实。对观花品种应保留钟状花；对观果品种，为节省养分可在蕾期疏除钟状花蕾。凡对生、并生的筒状花，可去小留大。盆栽石榴花期很长，大体有三次开花高峰，俗称头花、二花、三花。可按照"选留头花果，保留二花果，疏除三花果"的原则，进行疏花疏果。盆栽石榴的载果量，应根据树体大小、果实大小、盆器大小等因素予以控制。一般中型以上盆栽每棵树产几千克到几十千克不等；小型盆栽可挂果5个左右。

2. 人工授粉

人工授粉可提高坐果率。最简单的方法是将已经开始散粉的钟状花摘下，对准拟保留的、已完全开放的筒状花，轻轻敲打钟状花壁，使其花粉落到筒状花雌蕊上即可。

3. 花期控水

盆栽石榴花期应当适当控制浇水量，保持盆栽环境适当干燥，同时注意不要对叶面喷水，以免影响坐果。

4. 花期喷植物生长调节剂

花期叶面喷40～50mg/L赤霉素或20～50mg/L萘乙酸也可提高坐果率。

5. 修剪调节

主要在坐果后及时疏除过密枝、纤细枝，对长枝进行多次摘心，使树体内通风透光，有利于花芽分化，提高坐果率。

6. 果实艺术设计

将"福""禄""寿""喜"字样或花鸟虫鱼图案，制作成特殊工艺的胶字或胶图，附着在透明不干胶正面，在果实成熟前15～30天摘除套袋后，在果实胴部的向阳面贴上胶字和图贴。当果实着色成熟后揭去贴纸，石榴果实上就会显露出预期的字样和各种美丽的图案，使盆栽石榴更加美观，提高其观赏价值。

石榴喜欢光照，生长季节应置于阳光充足处，越晒花越艳、果越多。若生长期间光照不足，易引起枝叶徒长，造成开花少、结果少，严重的甚至不开花、不结果。

二、病虫害防治

从生态与环境保护的整体利益出发，本着预防为主的指导思想和安全有效、经济、简易的原则，因地制宜，合理运用农业、生物、物理、化学方法，以有效控制病虫害。方法与石榴盆景病虫害防治相同。

第八节　盆栽石榴的越冬防寒

盆栽石榴盆土较少，在北方较大田或露地栽培更易受冻，越冬防寒至关重要。方法与石榴盆景越冬防寒方法基本相同（图11-17）。淮河秦岭以北地区，因为石榴盆栽栽植在室外或者露天种植，做单体防护尤为关键。具体做法是"五层"包裹法：第一层保鲜膜缠绕树干，能缠多高就多高（图11-18）；第二层用保温毡毯缠绕树干（图11-19）；第三层树干上再缠绕一层保鲜膜，缠绕紧实，防止雨雪从缝隙中进入（图11-20）；第四层用一块较大的保温毡毯把盆土全部包裹起来（图11-21）；第五层用熟料薄膜把盆土全部再包裹一遍，外边用绳扎紧（图11-22）。翌年春天取下保温材料即可。

图11-17　单体防护与越冬棚

图11-18　第一层：树干包裹保鲜膜

图11-19　第二层：树干包裹保温毡毯

图11-20　第三层：树干再包裹一层保鲜膜

图11-21　第四层：盆土包裹保温毡毯

图11-22　第五层：盆土包裹塑料薄膜

第十二章

石榴盆景、盆栽售后（布展）的养护管理

随着果实的生长和着色，石榴盆景、盆栽进入了最佳观赏时期。开始由盆景园等制作场所进入庭院、厅堂、展览馆、办公室、阳台、居室等各种新的场所，新的应用场所环境条件差异很大，对石榴盆景的生长发育的影响也很大，合理的养护管理技术，对保持和延长石榴盆景的最佳观赏效果具有重要意义。在综合运用本书管理措施基础上，石榴盆景、盆栽售后（布展）的养护管理技术要把握以下几点。

第一节　销售（布展）前的准备工作

一、增加果实着色的措施

1. 摘叶

适当摘除部分叶片，使其内膛、下部和过密部的果实能得到一定的光照，可有效地增加着色。摘叶宜在果实开始着色时进行，太早影响生长和花芽的分化。为避免摘叶不当，造成对翌年生长发育的严重影响，应仅摘除遮挡果实的叶片，摘叶量不超过全株的20%。

2. 转盆与转果

将花盆做180°的旋转，使其向阳面和背阴面互相转换，以利全株整体果实的着色。转果是将果实轻轻向一个方向转动，使其向阳部分和背阴部分互换，整个果实面均匀着色，防止"阴阳脸"。

3. 增补光照

为增加树冠内部和下部的光照，可在盆下铺塑料反光膜，借助其反射光，使见光不足的果实底部，尤其是内膛果和下层果充分着色。

二、施肥、浇水

石榴盆景的观赏期比较长，进入应用场所后，由于环境的限制往往施肥困难，为满足这一时期的生长发育需要，应在此前予以追肥。经发酵后的有机肥，如沿盆边施

入并扒入土内，可防止气味的产生，且肥效较长。施用化肥时，应将氮磷、钾混配，忌用氮肥过多，造成后期贪长。浇水一般以"不干不浇"和"浇则浇透"为原则。

三、修剪定型

在前期养护时，为了有利于盆树的生长发育，扩大叶果比，往往保留一部分临时性枝条。应用前，对这些影响观赏的临时性枝视情况予以疏除或短截，以增强观赏效果。必要时，应根据当年结果情况适当调整树形，并疏除未挂果的空枝、密枝，使全树紧凑、均衡。

第二节 销售（布展）的运输安全

石榴果型大，路途的颠簸常造成枝断果落。运输时除防止强烈颠簸外，还应采取其他保护措施，可用织网或纱布或塑料袋将果由下向上兜住，并与其上的枝条相连。这样发生颠簸时，果实与枝条同时颤动，果实所受重力直接作用于枝条，从而保护最易折损的果柄部位。为防止果枝折断，可将较长的果枝用塑料绳向上吊住，绳的下端拴在果兜上，上端拴在竹竿上（图12-1）。

进行远距离运输时，必须用带篷车或用防护网罩住整个盆及盆景、盆栽，防止途中强风吹袭，造成叶片脱落枯干，还要注意盆内外补充水分（图12-2）。

快递网络销售时，必须注意打木架，将整个盆及盆景、盆栽罩住，以利销售运输（图12-3、图12-4）。

图12-1 运输保果

图12-2 运输保护整个树体

图12-3 网络直播销售

图12-4 打木架便于网络销售

第三节 销售（布展）后的室内、室外养护技术

一、室外养护措施

1. 光照

石榴树喜光，其生长期间要有充足的光照，生长季节可不必遮阴，保持全天日照，每天光照要达到5小时以上。

2. 换盆（土）

石榴盆景经几年的生长，大量的根系布满花盆，根系致密而土壤板结，土壤中各种肥料元素缺失，造成植株长势不好，不利于开花结果，严重时会造成衰退死亡。因此，要根据栽植年限、用土、盆的大小、树种的大小不同而灵活掌握。一般小盆比大盆换土要勤，砂质土比壤土要勤，结果多的树换土要勤，一般2~4年换土1次。石榴春季树萌动时换盆（土）最好。

3. 浇水

应根据石榴的习性、植株的大小、光照时间、温度、湿度及风力等多种因素综合确定浇水量的大小和间隔时间的长短，盆内浇水一般以"不干不浇"和"浇则浇透"为度，保持盆土上下湿润一致。另外，雨季要防止积水，以防植株根部缺氧造成窒息死亡。

4. 施肥

一是土壤追肥要本着"薄肥勤施"的原则，应选择晴天，用发酵后的人粪尿或饼肥，为保持盆内土壤营养元素均齐全，可将铁、钙、硫、铁等多种元素配合。二是根外追肥，喷施的时间应选择空气湿度较大的阴天、雨后、早晨或傍晚进行，喷施时应注意对叶片两面喷匀。

二、修剪整形

为有效地控制石榴盆景的生长结果，保持完美、紧凑的树形，每年需要进行多次的夏季、冬季修剪整形。修剪整形的目的，首先考虑树形，其次考虑石榴的坐果率是多少。经过修剪整形的盆景，要做到根、干、枝、冠各部分比例自然协调、树冠轮廓线流畅，有疏密变化，增强观赏效果。

三、室内养护措施

石榴盆景进入室内后，光照、温度、空气均发生了很大变化，养护不当时，容易

引起提早发生落果、落叶。应特别注意的是，在生长期搬进室内的，应摆放在有自然光照、空气新鲜、流通顺畅的地方，要避开空调房间，每天向叶面喷水，增加湿度，每隔一周左右要搬出室内，放在通风透光的室外，以免叶子发黄、落叶。入冬后，注意防止室内温度过高造成枝叶徒长、果实早落。

1. 光照

石榴盆景耐阴性差，在光照不足的情况下，生长发育均表现不佳。因此，应摆放在能见到自然光的厅堂、向阳面的居室、南窗口附近等处。在室内光照不足的情况下，应定期搬到阳台、庭院、屋顶等外界环境，见光养护。一般室内外交换间隔约7天。

2. 空气

包括空气成分和空气湿度。污染严重和特别干燥的空气会对石榴树产生十分不利的影响。因此，石榴盆景在室内摆放在空间较大的厅堂和空气新鲜、流通的地方，在较小的居室摆放时，应及时开窗换气，保持空气新鲜。秋冬季室内均很干燥，易造成落叶、果实失水发生皱缩和脱落。所以要每日向叶面喷水1~3次，必要时向地面喷水，以增加湿度，满足树体的需要。

3. 温度

较低的室温可使石榴生理代谢延缓，有利于观赏期的延长。秋季室内外温度差异不大，正常的室温即可满足生理的需要。入冬后，有暖气的室内，要防止室温过高而造成果实早落、枝叶贪长。尤其不要将石榴盆景摆放在暖气上方或煤火附近，干热空气的熏蒸可使大量叶、果脱落。还要注意及时转入室外或冷凉的场所休眠，以保障翌年的正常生长。

四、越冬保护措施

石榴盆景因受盆土的限制，根的分布浅，抗冻能力差。可结合温度、湿度等条件，选择合适、简便、安全的室内越冬、阳台越冬、埋土防寒等越冬方法。但应注意要定期检查盆土的干湿情况，适时浇水，始终保持湿润。淮河秦岭以北地区，要将花盆四周用保温材料、废旧毛毡等防寒物包裹严实，有条件的地方建立单体保温棚或保温大棚。

参考文献

安广池. 石榴盆景制作技术[J]. 林业科技开发, 2006(2): 51–54.

柏劲松, 谢红梅. 石榴盆景盆土应偏干[J]. 中国花卉盆景, 2005(2): 43.

曹尚银, 侯乐峰. 中国果树志: 石榴卷[M]. 北京: 中国林业出版社, 2013.

陈记周. 石榴盆景造型艺术[M]. 济南: 泰山出版社, 2005.

陈金立. 提高盆景石榴坐果率的措施[J]. 花木盆景(盆景赏石), 2007(8): 64–65.

戴林东. 制作石榴盆景应注意的几个问题[J]. 中国花卉盆景, 2001(10): 34.

邓庆城. 石榴盆景应注意防治紫薇绒蚧[J]. 中国花卉盆景, 2001(3): 33.

兑宝峰. 盆景造型技艺.[M]. 福州: 福建科学技术出版社, 2021.

兑宝峰. 盆景制作与赏析观花. 观果篇[M]. 福州: 福建科学技术出版社, 2016.

兑宝峰. 盆景制作与赏析松柏. 杂木篇[M]. 福州: 福建科学技术出版社, 2016.

兑宝峰. 盆艺小品[M]. 福州: 福建科学技术出版社, 2018.

兑宝峰. 石榴盆景的嫁接及造型[J]. 花木盆景(盆景赏石), 2005(1): 30.

兑宝峰. 石榴盆景制作[J]. 中国花卉园艺, 2012(12): 32–33.

兑宝峰. 树木盆景制作技艺七日通.[M]. 福州: 福建科学技术出版社, 2023.

兑宝峰. 树桩盆景造型与养护宝典[M]. 北京: 中国林业出版社, 2019.

兑宝峰. 四季景致各不同石榴盆景《太平盛世》赏析[J]. 花木盆景(盆景赏石), 2015(6): 68–69.

兑宝峰. 掌上大自然小微盆景制作与欣赏[M]. 福州: 福建科学技术出版社, 2017.

韩贵祥. 用播种苗、扦插苗培养石榴附石盆景[J]. 中国花卉盆景, 2007(8): 40.

韩建秋, 满玲. 老枝扦插制作石榴盆景[J]. 中国花卉盆景, 2001(2): 37.

韩玉林, 窦逗, 原海燕. 盆景艺术基础[M]. 北京: 化学工业出版社, 2021.

杭东. 石榴盆景管理与整型[J]. 中国花卉园艺, 2013(4): 52.

郝平, 高丹, 张秀丽. 盆景制作与赏析[M]. 北京: 中国农业大学出版社, 2018.

郝萍, 马德福, 贾大新, 等. 石榴盆景制作技术探讨[J]. 辽宁农业职业技术学院学报, 2009, 11(1): 29–31.

郝兆祥, 侯乐峰, 丁志强. 峄城石榴盆景、盆栽产业概况与发展对策[J]. 山东农业科学, 2015, 47(5): 126–131. DOI: 10.14083/j.issn.1001-4942.2015.05.034.

胡良民. 盆景制作[M]. 南京：江苏科学技术出版社, 1982.

吉合伍来, 吉叶志刚. 石榴盆景栽培与制作[J]. 四川农业科技, 2013(4): 32.

计燕. 小中见大的嫁接石榴盆景[J]. 中国花卉园艺, 2020(20): 61–62.

李好先, 陈利娜. 现代软籽石榴优质高效栽培技术[M]. 北京：中国林业出版社, 2022.

李竞芸, 李清秀. 空中压条快速培育带果石榴盆景[J]. 安徽农业科学, 2007, 35(20): 6080.

李荣新, 李朔. 石榴盆景《老当益壮》[J]. 中国花卉盆景, 2001(9): 44.

李新. 中国盆景赏石李新专辑[J]. 中国盆景赏石, 2023(1): 1–78.

梁存峰. 石榴盆景制作与养护[J]. 安徽林业, 2006(5): 33.

林庆民, 宫传. 石榴盆景[J]. 中国花卉盆景, 2007(2): 65.

刘军. 论石榴盆景的制作和养护[J]. 河南林业科技, 2007(S1): 39–40.

刘平. 盆景石榴管理技术[J]. 中国果菜, 2011(1): 41.

刘启华. 古树虬枝见风骨——王林石榴盆景欣赏[J]. 花木盆景（盆景赏石）, 2022(5): 86–90.

刘兴军, 程亚东, 刘洪芳. 石榴盆景的造型与制作技术[J]. 山东林业科技, 2005(2): 56.

路全喜. 石榴盆景的栽培[J]. 河南林业科技, 2007(S1): 35.

马文其. 石榴盆景培育造型与养护[J]. 花木盆景（花卉园艺）, 2005(4): 45–46.

么海波. 石榴盆景的特点及适宜品种[J]. 现代农村科技, 2017(4): 45–46.

孟兰亭. 简析中州风格石榴树桩盆景[J]. 花木盆景（花卉园艺）, 1996(2): 29.

浓绿万枝红一点——石榴盆景作品赏[J]. 花木盆景（盆景赏石）, 2019(10): 70–73.

彭春生, 李淑萍. 盆景学[M]. 北京：中国林业出版社, 1992.

邱振培. 石榴盆景养护管理[J]. 园林, 1994(5): 24.

任燕, 杨艺渊. 石榴盆景制作[J]. 新疆林业, 2006(4): 32.

史屹峰. 石榴树木盆景的养护与管理[J]. 中国果菜, 2010(1): 41–42.

隋学芳. 石榴盆景压枝取材法[J]. 中国花卉盆景, 2002(10): 54–55.

汤华. 解读石榴盆景《榴林梦意》[J]. 花木盆景（盆景赏石）, 2020(6): 25.

唐庆安. 发展中的商丘石榴盆景[J]. 中国花卉盆景, 2006(2): 42.

唐庆安. 石榴盆景的嫁接[J]. 花木盆景（盆景赏石）, 2004(10): 35.

唐庆安. 一年占尽四时景——赏石榴盆景[J]. 中国花卉盆景, 2004(10): 52.

田士林, 李莉. 石榴盆景嫁接方法比较研究[J]. 安徽农业科学, 2006(21): 5512. DOI: 10. 13989/ j. cnki. 0517–6611. 2006. 21. 034.

田学美. 多株组合制作石榴盆景[J]. 中国花卉盆景, 2012(8): 58.

王家福, 程亚东, 侯乐峰, 等. 石榴盆景制作技艺[M]. 北京：中国林业出版社, 2005.

王剑文. 石榴盆景造型与造型技法探讨[J]. 花卉, 2018(8): 279–280.

王立新. 石榴盆景及其艺术造型[J]. 福建果树, 2007(3): 11-12.

王立新, 郑先波, 陈延惠, 等. 石榴的园林与盆景艺术[J]. 湖南农业科学, 2010(11): 109-111. DOI: 10.16498/j.cnki.hnnykx.2010.11.025.

王小军. 水旱式小石榴盆景的制作[J]. 中国花卉盆景, 2010(3): 44-45.

文华. 浅谈石榴盆景花期管理五要点[J]. 花木盆景(盆景赏石), 2006(7): 36.

吴建民, 田俊华. 家庭石榴盆景的栽培与养护[J]. 花木盆景(花卉园艺), 2008(6): 8-9.

武松河. 石榴盆景带果高压速成法[J]. 花木盆景(花卉园艺), 1997(2): 35.

谢存德. 王林石榴盆景[J]. 花木盆景(盆景赏石), 2002(10): 3.

邢升清. 花果兼美的石榴盆景[J]. 园林, 2002(8): 46.

薛毅, 刘骏, 魏万生. 石榴盆景的适宜品种及制作关键技术[J]. 农业科技通讯, 2018(12): 315-317.

薛兆希, 刘翠兰, 李静, 等. 老枝接根制作石榴盆景技术[J]. 山东林业科技, 2005(1): 57.

杨大维. 使石榴盆景年年坐果的办法[J]. 花木盆景(盆景赏石), 2004(11): 32.

杨满胤. 当年成型的石榴盆景[J]. 中国花卉盆景, 2001(2): 36.

杨艺渊. 石榴盆景 前景诱人[J]. 新疆林业, 2006(3): 29.

杨英魁. "松韵式"石榴盆景[J]. 中国花卉盆景, 2010(6): 52-53.

姚明建. 怎样使石榴盆景多坐果[J]. 花木盆景(盆景赏石), 2003(8): 26-27.

叶文兵. 石榴盆景的日常管理[J]. 花木盆景(花卉园艺), 1997(2): 35.

于文华. 剖析石榴盆景首批花难坐果的原因[J]. 花木盆景(盆景赏石), 2009(11): 30-31.

于文华. 浅谈石榴盆景坏果的抑制和补救[J]. 花木盆景(盆景赏石), 2006(11): 38.

于文华. 石榴盆景崩果的原因与预防措施[J]. 中国花卉盆景, 2008(3): 38.

苑兆和, 曲健禄, 宫庆涛. 中国石榴病虫害综合管理[M]. 北京: 中国林业出版社, 2018.

张福禄. 如何提高石榴盆景坐果率[J]. 花木盆景(盆景赏石), 2014(8): 76-77.

张建义, 范增伟. 浅谈石榴盆景造型与养护[J]. 河南林业科技, 2007(S1): 37-38.

张尽善. 石榴盆景的培育与制作[J]. 花木盆景(盆景赏石), 2002(10): 26-27.

张尽善. 石榴盆景造型的点滴体会[J]. 中国花卉盆景, 2002(11): 46.

张尽善. 枝干扦插快速制作石榴盆景[J]. 花木盆景(盆景赏石), 2005(1): 33.

张尽善. 枝干扦插快速制作石榴盆景[J]. 中国花卉盆景, 2003(3): 44.

张钧和. 果压枝头的石榴盆景[J]. 花木盆景(花卉园艺), 1996(2): 29.

张文浦. 话石榴盆景《汉魂》[J]. 中国花卉盆景, 1998(10): 33.

张孝军. 石榴盆景的四季养护[J]. 中国花卉盆景, 2007(5): 44-45.

张忠涛. 追梦——张忠涛盆景艺术[M]. 北京: 中国林业出版社, 2017.

张忠涛, 赵艳莉. 石榴盆景保果管理[J]. 花木盆景(盆景赏石), 2018(8): 42–45.

张忠涛. 石榴盆景粗干、粗枝的整形[J]. 花木盆景(盆景赏石), 2019(4): 40–41.

张忠涛. 石榴盆景造型形式谈[J]. 花木盆景(盆景赏石), 2022(7): 54–59.

张忠涛. 石榴盆景坐果管理[J]. 花木盆景(盆景赏石), 2018(7): 40–43.

赵景霞, 杨兆芝. 如何防治石榴盆景果实开裂[J]. 中国花卉盆景, 2007(3): 50.

赵丽华. 石榴盆景造型与技法[J]. 现代农业科技, 2014(13): 187–188.

赵玉霞. 让石榴盆景多挂果[J]. 花木盆景(盆景赏石), 2001(10): 42.

钟文善. 大飘枝在石榴盆景制作上的应用[J]. 花木盆景(盆景赏石), 2005(11): 33.

钟文善. 习作文人树石榴盆景[J]. 中国花卉盆景, 2003(1): 47.

钟文善. 峄城石榴盆景[J]. 花木盆景(盆景赏石), 2003(6): 32–33, 4–5.

钟文善, 李德峰. 石榴盆景多花多果的八点措施[J]. 中国花卉盆景, 2001(1): 34.